Mathias Pabst

Übergangsmomente zwischen angeregten Zuständen mit der RI-CC2-Methode

Mathias Pabst

Übergangsmomente zwischen angeregten Zuständen mit der RI-CC2-Methode

Implementierung und Anwendung auf Triplett-Excimere

Südwestdeutscher Verlag für Hochschulschriften

Impressum/Imprint (nur für Deutschland/only for Germany)
Bibliografische Information der Deutschen Nationalbibliothek: Die Deutsche Nationalbibliothek verzeichnet diese Publikation in der Deutschen Nationalbibliografie; detaillierte bibliografische Daten sind im Internet über http://dnb.d-nb.de abrufbar.

Alle in diesem Buch genannten Marken und Produktnamen unterliegen warenzeichen-, marken- oder patentrechtlichem Schutz bzw. sind Warenzeichen oder eingetragene Warenzeichen der jeweiligen Inhaber. Die Wiedergabe von Marken, Produktnamen, Gebrauchsnamen, Handelsnamen, Warenbezeichnungen u.s.w. in diesem Werk berechtigt auch ohne besondere Kennzeichnung nicht zu der Annahme, dass solche Namen im Sinne der Warenzeichen- und Markenschutzgesetzgebung als frei zu betrachten wären und daher von jedermann benutzt werden dürften.

Coverbild: www.ingimage.com

Verlag: Südwestdeutscher Verlag für Hochschulschriften GmbH & Co. KG
Heinrich-Böcking-Str. 6-8, 66121 Saarbrücken, Deutschland
Telefon +49 681 37 20 271-1, Telefax +49 681 37 20 271-0
Email: info@svh-verlag.de

Zugl.: Mainz, Johannes Gutenberg-Universität, Diss., 2011

Herstellung in Deutschland:
Schaltungsdienst Lange o.H.G., Berlin
Books on Demand GmbH, Norderstedt
Reha GmbH, Saarbrücken
Amazon Distribution GmbH, Leipzig
ISBN: 978-3-8381-3104-7

Imprint (only for USA, GB)
Bibliographic information published by the Deutsche Nationalbibliothek: The Deutsche Nationalbibliothek lists this publication in the Deutsche Nationalbibliografie; detailed bibliographic data are available in the Internet at http://dnb.d-nb.de.

Any brand names and product names mentioned in this book are subject to trademark, brand or patent protection and are trademarks or registered trademarks of their respective holders. The use of brand names, product names, common names, trade names, product descriptions etc. even without a particular marking in this works is in no way to be construed to mean that such names may be regarded as unrestricted in respect of trademark and brand protection legislation and could thus be used by anyone.

Cover image: www.ingimage.com

Publisher: Südwestdeutscher Verlag für Hochschulschriften GmbH & Co. KG
Heinrich-Böcking-Str. 6-8, 66121 Saarbrücken, Germany
Phone +49 681 37 20 271-1, Fax +49 681 37 20 271-0
Email: info@svh-verlag.de

Printed in the U.S.A.
Printed in the U.K. by (see last page)
ISBN: 978-3-8381-3104-7

Copyright © 2012 by the author and Südwestdeutscher Verlag für Hochschulschriften GmbH & Co. KG and licensors
All rights reserved. Saarbrücken 2012

Inhaltsverzeichnis

1. **Einleitung** 5

2. **Theorie** 9
   - 2.1. Coupled-Cluster-Theorie 10
     - 2.1.1. Ansatz 10
     - 2.1.2. Die CC2-Näherung 11
   - 2.2. Die Antworttheorie 13
     - 2.2.1. Antwortfunktionen exakter Theorien 13
     - 2.2.2. CC-Antworttheorie 14
   - 2.3. Die ADC-Theorie 16
     - 2.3.1. Ansatz 16
     - 2.3.2. Zusammenhang zwischen CC2 und ADC(2) 17
   - 2.4. Spin-Bahn-Kopplung 19
     - 2.4.1. Spin-Bahn-Kopplung in der Breit-Pauli-Entwicklung 19
     - 2.4.2. Der Spin-Bahn-Mean-Field-Operator 20
   - 2.5. Bezug zu experimentellen Größen 20
     - 2.5.1. Transiente Absorptionsspektren 20
     - 2.5.2. Spin-Bahn-Kopplung 21

3. **Implementierung** 23
   - 3.1. Partitionierbarkeit und RI-Näherung 23
   - 3.2. Übergangsmomente zwischen angeregten Zuständen 25
   - 3.3. Ablauf der Berechnung von Übergangsmomenten 26
   - 3.4. Spinadaptierung der Übergangsdichte 27
   - 3.5. Berechnung von Matrixelementen des Spin-Bahn-Operators 29

4. **Benchmark-Rechnungen** 31
   - 4.1. Genauigkeit von RI-CC2 Übergangsdipolmomenten 31
     - 4.1.1. Konventionelles CC2 und RI-CC2 31
     - 4.1.2. Vergleich von CC2 mit CCS und CCSD 31
     - 4.1.3. Basissatzvergleich 32
   - 4.2. Transiente Spektren kondensierter aromatischer Systeme 33
     - 4.2.1. Benzol 34
     - 4.2.2. PDI 36
     - 4.2.3. Polyacene: Naphthalin bis Pentacen 40

Inhaltsverzeichnis

4.3. Genauigkeit von Matrixelementen des Spin-Bahn-Operators 44
    4.3.1. Näherungen 44
    4.3.2. Methoden 46
    4.3.3. Vergleich mit DFT/MRCI-SPOCK 46

5. Triplett-Excimere von Molekülen mit $\pi-\pi$-Wechselwirkung   **49**
    5.1. Theorie molekularer Dimere 49
    5.2. Excimere von BPP 56
        5.2.1. Das Monomer 58
        5.2.2. Das Dimer 60
        5.2.3. Transiente Absorptionsspektren 63
        5.2.4. Charakterisierung der Dimerzustände 66
        5.2.5. Diskussion 69
    5.3. Triplett-Excimer von Naphthalin 73
        5.3.1. Strukturen und Eigenschaften 76
        5.3.2. Lösungsmitteleffekte auf die Bindungsenergie 81
        5.3.3. Transiente Absorptionsspektren 83
        5.3.4. Charakterisierung der angeregten Zustände 84
        5.3.5. Oligomere des Naphthalins 89

6. Zusammenfassung   **91**

Anhang   **95**

A. Zu Kapitel 2   **95**

B. Zu Kapitel 3   **97**

C. Zu Kapitel 4   **102**

D. Zu Kapitel 5   **115**

E. Veröffentlichungen   **121**

Abkürzungsverzeichnis   **123**

Abbildungsverzeichnis   **125**

Tabellenverzeichnis   **126**

Literatur **129**

1. Einleitung

Elektronisch angeregte Zustände organischer Moleküle spielen für eine Vielzahl physikalisch-chemischer Prozesse eine entscheidende Rolle. Wichtige Beispiele hierfür sind der Sehprozess [1] oder die Photostabilität der DNS [2]. In der technischen Anwendung sind seit einigen Jahren organische Halbleiter von zentraler Bedeutung. Diese werden zum Beispiel in Solarzellen, organischen Lasern und organischen Leuchtdioden, sogenannten OLEDs (*Organic Light Emitting Diodes*), eingesetzt [3–10].

Grundbausteine moderner organischer Halbleiter sind Moleküle mit großen π-Elektronensystemen. Zwischen Molekülen im Grundzustand und Molekülen im elektronisch angeregten Zustand treten oft erhebliche Wechselwirkungen auf, welche die photophysikalischen Eigenschaften, verglichen mit denen eines einzelnen Moleküls, deutlich verändern können. Führt eine starke kohäsive Wechselwirkung zu einem Addukt identischer Moleküle, so nennt man dieses auch *Excimer*. Da die Eigenschaften organischer Halbleiter durch die Bildung von Excimeren signifikant verändert werden können, ist ein grundlegendes Verständnis der Excimerbildung von zentraler Bedeutung für das Design organischer Halbleiter-Materialien mit verbesserten photophysikalischen Eigenschaften [3–16].

Die Eigenschaften und Strukturen von Molekülen im elektronisch angeregten Zustand sind experimentell oft schwer zugänglich. Dies liegt besonders in der Kurzlebigkeit der angeregten Spezies begründet. Eine wichtige und erfolgreiche Methode zur Untersuchung dieser Zustände ist die transiente Absorptionsspektroskopie. Hierbei werden Moleküle, beispielsweise mittels eines Laser-Pulses [17], im angeregten Zustand präpariert, um dann die Absorptionsspektren der transienten Spezies aufzunehmen [18, 19]. Die Zuordnung der Übergänge dieser Spektren ist aber oft nicht einfach, da diverse andere Prozesse (z. B. Grundzustandsbleichen, induzierte Emission) zum aufgenommenen Spektrum beitragen. Daher ist eine gute theoretische Beschreibung der beteiligten Prozesse notwendig. Dazu gehören neben der transienten Absorption auch die Prozesse, die zur Populierung der Triplettzustände führen. Eine theoretische Vorhersage des *inter-system crossing* (ISC) trägt dabei zum Gesamtverständnis von Molekülen im angeregten Zustand bei.

Zur Berechnung angeregter Zustände stehen eine Auswahl verschiedener Methoden zur Verfügung. Eine dieser Methoden ist die zeitabhängige Dichtefunktionaltheorie (TD-DFT[1]), welche aufgrund ihrer recht guten Genauigkeit bei vergleichsweise geringem Rechenaufwand häufig zur Anwendung kommt. Allerdings muss man in Kauf nehmen, dass DFT zu Problemen bei der Beschreibung von Dispersionswechselwirkungen führt [23] und oft energetisch zu niedrige *Charge-Transfer*-(CT)-Zustände vorhersagt [24]. Will oder muss man diese Nachteile der DFT umgehen, so ist es möglich auf wellenfunktionsbasierte *ab initio* Methoden auszuweichen.

Die beste Alternative zur DFT bieten die beiden Methoden zweiter Ordnung CC2 und ADC(2), da

---
[1]TD steht dabei für *time dependent* [20–22], was aus der Herleitung der Gleichungen über die zeitabhängige Antwort des Systems stammt.

1. Einleitung

diese einen guten Kompromiss zwischen Rechenaufwand und Genauigkeit darstellen. CC2 kommt aus der *Coupled-Cluster*-(CC)-Familie [25–31] und ADC(2) ist eine Polarisationspropagatormethode [32–34]. Hättig *et al.* haben gezeigt, dass diese Methoden mit Hilfe der *Resolution-of-the-Identity*-(RI)-Näherung effizient implementiert werden können [35–37]. Inzwischen lassen sich bereits viele Eigenschaften angeregter Zustände mittelgroßer Systeme mit ca. 20 bis 50 Atomen berechnen, unter anderem Erwartungswerte [38] und Gradienten [39] angeregter Zustände sowie Übergangsmomente aus dem Grundzustand [38].

Zur Untersuchung der Triplett-Excimere wird in der vorliegenden Arbeit die Implementierung von Hättig *et al.* [38, 40] um die Übergangsmomente zwischen angeregten Zuständen erweitert. Die Dipolübergangsmomente zwischen angeregten Zuständen *gleicher* Multiplizität sind eine wichtige Voraussetzung für die Interpretation der transienten Spektren. Zusätzlich liefern die Übergangsmatrixelemente des Spin-Bahn-Operators Informationen über Übergänge zwischen Zuständen *unterschiedlicher* Multiplizität. Diese Matrixelemente gehen in die Berechnung von ISC-Raten ein (siehe z. B. Lit. 41).

Während Übergangsmomente vom Grundzustand zu angeregten Singulettzuständen schon für viele Methoden implementiert sind [27, 42–53], wurden die Übergangsmomente zwischen angeregten Zuständen in der Vergangenheit kaum betrachtet. Die einzige Implementierung von Übergangsmomenten zwischen angeregten Zuständen für eine CC-Methode wurde von Koch *et al.* [47] und Christiansen *et al.* [48] für CC2/CCSD im Rahmen der Antworttheorie beschrieben, allerdings nur zwischen Singulettzuständen.

Ziel dieser Arbeit ist es, die Übergangsmomente zwischen angeregten Zuständen für Singulett–Singulett-, Triplett–Triplett- und Singulett–Triplett-Übergänge im Rahmen der Methden RI-CC2 und RI-ADC(2) in die existierende Implementierung von Hättig *et al.* zu integrieren. Mit Hilfe der dadurch neu zur Verfügung stehenden Möglichkeiten wird die bisher noch nicht vollständig verstandene Bildung von Triplett-Excimeren [13–16, 54–63] detailliert untersucht. Hierbei hilft insbesondere die Berechnung der transienten Absorptionsspektren bei der Interpretation experimenteller Befunde und schafft dabei eine enge Verknüpfung von Theorie und Experiment.

Die theoretischen Grundlagen sind in Kapitel 2 zusammengefasst. Dabei soll zuerst die CC-Theorie in Abschnitt 2.1 und die zugehörige CC-Antworttheorie in Abschnitt 2.2 erläutert werden. In Abschnitt 2.3 wird die Verwandtschaft der CC- mit den Polarisationspropagatormethoden kurz aufgezeigt und das ADC(2)-Modell vorgestellt. Die in der vorliegenden Arbeit verwendete Definition des Spin-Bahn-Operators wird anschließend in Abschnitt 2.4 erläutert. Danach wird die Verbindung zwischen theoretischen und experimentellen Größen in Abschnitt 2.5 diskutiert. Kapitel 3 widmet sich der Implementierung der Übergangsmomente, bevor in Kapitel 4 die Genauigkeit der Methode untersucht wird. Die Ergebnisse zur Betrachtung der Triplett-Excimere sind in Kapitel 5 dargestellt, wobei in Abschnitt 5.1 zunächst eine Einführung in die Theorie molekularer Dimere erfolgt. Daran schließen sich die Studien zu zwei Modellsystemen in Abschnitt 5.2 und 5.3 an. Eine kurze Zusammenfassung in Kapitel 6 bildet den Abschluss der Arbeit.

2. Theorie

In diesem Kapitel wird die Theorie besprochen, die zum Verständnis der vorliegenden Arbeit benötigt wird. Dabei erhebt die Darstellung keinen Anspruch auf Vollständigkeit; vielmehr wird nur auf die Zusammenhänge genauer eingegangen, die für diese Arbeit besonders relevant sind.

Übergangsmomente zwischen zwei angeregten Zuständen i und f, $\langle i|X|f\rangle$, wobei X ein beliebiger Einelektronenübergangsoperator ist, benötigt man für die theoretische Beschreibung zentraler physikalischer Prozesse im elektronisch angeregten Zustand. Für diese Arbeit ist vor allem die Vorhersage transienter Absorptionsspektren von Bedeutung, aber auch Matrixelemente des Spin-Bahn-Operators, wie sie zur Bestimmung von *inter-system crossing*-(ISC)-Raten benötigt werden, können mit Hilfe dieser Übergangsmomente berechnet werden. Die Zusammenhänge zwischen experimentellen Größen und Übergangsmomenten werden in Kap. 2.5 diskutiert.

Für die theoretische Berechnung der Übergangsmomente ist vor allem die Beschreibung der Zustände $\{|i\rangle\}$ wichtig. Diese können mit verschiedenen Methoden approximiert werden, welche sich vor allem durch Rechenzeit und Genauigkeit unterscheiden. Eine Methode mit geringem Rechenaufwand ist die zeitabhängige Dichtefunktionaltheorie (TD-DFT) [20–22]. Da viele Anwendungen aber auf eine gute Beschreibung von *Charge-Transfer*-Effekten und Dispersionswechselwirkungen angewiesen sind, welche durch DFT nur sehr unzureichend beschrieben werden [23,24], muss man dafür auf wellenfunktionsbasierte *ab initio* Methoden ausweichen.

Die einfachste dieser Methoden ist CIS aus der Familie der Konfigurationswechselwirkungsmethoden (CI-Methoden). In CIS werden nur die bezüglich der Hartree-Fock-Determinante einfach-angeregten Konfigurationen berücksichtigt [64]. Die Ergebnisse dieses Verfahrens sind allerdings meist schlechter als die der DFT, weshalb man oft zu den genaueren aber auch aufwändigeren *Coupled-Cluster*-(CC)-Methoden (s. Kap. 2.1) greifen muss [25–29].

In der CC-Theorie erhält man die angeregten Zustände mit Hilfe der Antworttheorie [28], welche in Kapitel 2.2 erläutert wird. Alternativ kann man auch *Equation-of-Motion*-CC (EOM-CC) als Ansatz verwenden [27], was zu den selben Gleichungen für die Anregungsenergien führt wie die Antworttheorie. Unterschiede ergeben sich nur für weitere Eigenschaften wie Erwartungswerte[2] und Übergangsmomente [27,47]. Dabei ist vor allem anzumerken, dass die CC-Antworttheorie größenkonsistente[3] Übergangsmomente liefert, während diese Eigenschaft für EOM-CC-Übergangsmomente nicht erfüllt ist [47]. Die numerischen Unterschiede sind in der Praxis für kleine Systeme jedoch gering [47,65]. Ebenfalls eng verwand mit der Antworttheorie sind die Polarisationspropagatormethoden [32]. Für die vorliegende Arbeit sind vor allem die *Algebraic-Diagrammatic-Construction*-(ADC)-Methoden relevant [33,34], welche in Kapitel 2.3 vorgestellt werden.

---

[2] Der Beitrag der Orbitalrelaxation ist in EOM-Erwartungswerten nicht enthalten.
[3] Dabei ist hier unter größenkonsistent zu verstehen, dass die Eigenschaft physikalisch korrekt mit der Systemgröße skaliert.

2. Theorie

Zur Berechnung von ISC-Raten müssen die Übergangsmomente mit dem Spin-Bahn-Operator ausgewertet werden. Da der Spin-Bahn-Operator ein komplizierter Zweielektronenoperator ist, werden häufig Näherungen zur Berechnung der Spin-Bahn-Integrale verwendet. Die für die vorliegende Arbeit wichtigen Näherungen werden in Kapitel 2.4 diskutiert.

2.1. Coupled-Cluster-Theorie

2.1.1. Ansatz

Die CC-Theorie beruht im Gegensatz zum CI-Verfahren nicht auf einer linearen, sondern auf einer exponentiellen Parametrisierung der Wellenfunktion (eine gute Übersicht findet sich z. B. in Lit. 66)

$$\left|\Psi^{CC}\right\rangle = e^T \left|\Phi_0\right\rangle. \tag{2.1}$$

Dabei ist T der Clusteroperator

$$T = \sum_{n=1}^{N} T_n = \sum_{n=1}^{N} \sum_{v_n} t_{v_n} \tau_{v_n} = \underbrace{\sum_{ia} t_i^a \tau_i^a}_{T_1} + \underbrace{\sum_{i>j} \sum_{a>b} t_{ij}^{ab} \tau_{ij}^{ab}}_{T_2} + \ldots, \tag{2.2}$$

welcher aus den Amplituden $t_{i...}^{a...}$ und den Anregungsoperatoren $\tau_{i...}^{a...}$ aufgebaut ist.[4] In dieser Arbeit bezeichnen die Indizes $i, j, k, \ldots$ die in der Referenzdeterminante Φ_0 besetzten und $a, b, c, \ldots$ die virtuellen Spinorbitale. Der Index v_n läuft dabei über alle möglichen n-fach Anregungen (siehe auch Tab. 2.1 zur Verwendung der Indizes). N steht hier für die Anzahl der Elektronen im betrachteten System.

Die Bestimmung der Energie sowie der Wellenfunktion erfolgt über die Projektionstechnik. Dazu wird die zeitunabhängige Schrödingergleichung

$$H\left|\Psi\right\rangle = E\left|\Psi\right\rangle \tag{2.3}$$

von links mit e^{-T} multipliziert und auf die Referenzdeterminante sowie alle angeregten Determinanten projiziert. Für die Wellenfunktion $|\Psi\rangle$ wird die CC-Wellenfunktion (2.1) eingesetzt. Man erhält dadurch eine Gleichung für die CC-Energie

$$E^{CC} = \left\langle\Phi_0\left|e^{-T}He^T\right|\Phi_0\right\rangle \tag{2.4}$$

---

[4]Explizite Ausdrücke für die Anregungsoperatoren und deren Spinadaptierung sind im Anhang A aufgeführt.

2.1. Coupled-Cluster-Theorie

und die Gleichungen für die CC-Amplituden

$$0 = \langle \Phi_{v_i} | e^{-T} H e^{T} | \Phi_0 \rangle \equiv \Omega_{v_i}. \qquad (2.5)$$

Dabei sind die Determinanten $|\Phi_{v_i}\rangle$ alle i-fach-Anregungen der Referenzdeterminante mit $i = 1, 2, \ldots, N$. Die obigen Gleichungen kann man auch in ein Lagrangesches Funktional zusammenfassen

$$\mathscr{L} = E^{CC} + \sum_i \sum_{v_i} \bar{t}_{v_i} \Omega_{v_i}, \qquad (2.6)$$

welches später für die Antworttheorie benötigt wird. Hier sind $\bar{t}_{v_i}$ die Lagrangeschen Multiplikatoren für die Bedingung, dass die Amplitudengleichungen (2.5) erfüllt sein müssen.

Man kann zeigen, dass man mit dem oben beschriebenen Ansatz die exakte Lösung der Schrödingergleichung bei gegebener Basis erhält, also zum selben Ergebnis gelangt wie *Full*-CI (Konfigurationswechselwirkung im Raum aller möglichen N-Elektronen-Slaterdeterminanten). Dies gilt jedoch nur, wenn im Clusteroperator (2.2) alle möglichen Anregungen enthalten sind.

In der praktischen Anwendung ist jedoch eine Berechnung mit dem vollen Clusteroperator aufgrund des extrem hohen Rechenaufwandes nicht sinnvoll, weshalb man auf Berechnungen mittels eines auf einen bestimmten Anregungsgrad beschränkten Clusteroperators angewiesen ist. Dadurch bekommt man eine Hierarchie von CC-Methoden: CCS, CC2, CCSD, CC3, CCSDT, ..., wobei CCS nur Einfachanregungen berücksichtigt, CCSD Einfach- und Zweifachanregungen, CCSDT Einfach-, Zweifach- und Dreifachanregungen, etc. Die Methoden CC2 und CC3 behandeln die Doppel- bzw. Dreifachanregungen nur störungstheoretisch. Somit ergibt sich mit steigender Genauigkeit auch ein steigender Rechenaufwand, wobei CCS formal mit der vierten Potenz der Systemgröße N skaliert und jede Stufe in der Hierarchie die Potenz der Skalierung um Eins erhöht.

Zur Berechnung angeregter Zustände und deren Eigenschaften mit Hilfe der CC-Theorie haben sich zwei Ansätze als besonders nützlich erwiesen: Die CC-Antworttheorie sowie *Equation-of-Motion*-CC. Diese beiden Methoden sind eng verwandt. In dieser Arbeit wird die CC-Antworttheorie verwendet, weshalb diese in Kapitel 2.2 näher erläutert wird. Zuvor jedoch wird die CC2-Methode etwas genauer beschrieben, da diese für die Anwendung auf mittelgroße Moleküle einen guten Kompromiss zwischen Genauigkeit und Rechenaufwand darstellt.

2.1.2. Die CC2-Näherung

Mit dem T_1-transformierten Hamiltonoperator

$$\hat{H} = e^{-T_1} H e^{T_1} \qquad (2.7)$$

2. Theorie

Tabelle 2.1 – Definition der in dieser Arbeit verwendeten Indizes.

Indizes	Bedeutung
$i,j,k,\ldots$	besetzte Molekülspinorbitale
$a,b,c,\ldots$	virtuelle Molekülspinorbitale
$p,q,r,\ldots$	besetzte oder virtuelle Molekülspinorbitale
$\alpha,\beta,\gamma,\ldots$	Basisfunktionen[a]
$P,Q,R,\ldots$	Auxiliarbasisfunktionen
$\mu_1,\mu_2,\ldots,\mu_j,\ldots$ und $\nu_1,\nu_2,\ldots,\nu_i,\ldots$	Ein beliebiges Element aus dem Ein-, Zwei-, $\ldots$, i-fach Anregungsraum

[a] α und β stehen in dieser Arbeit auch für die Spinfunktionen, worauf dann aber explizit hingewiesen wird.

nehmen die Projektionsgleichungen (2.5) für CCSD eine einfache, CCD-ähnliche Form an:

$$\Omega_{\nu_1} = \left\langle \Phi_{\nu_1} \left| \hat{H} + [\hat{H},T_2] \right| \Phi_0 \right\rangle = 0 \tag{2.8}$$

$$\Omega_{\nu_2} = \left\langle \Phi_{\nu_2} \left| \hat{H} + [\hat{H},T_2] + \frac{1}{2}\left[[\hat{H},T_2],T_2\right] \right| \Phi_0 \right\rangle = 0. \tag{2.9}$$

Hier und im Folgenden wird der Raum der Einfachanregungen allgemein mit $|\Phi_{\nu_1}\rangle$ und der der Zweifachanregungen mit $|\Phi_{\nu_2}\rangle$ angegeben.

Die CC2 Näherung wurde 1995 von Christiansen *et al.* [30] eingeführt. Der Hamiltonoperator wird, wie bei der Møller-Plesset-Störungs-Theorie, in die Summe der Fockoperatoren F als Beitrag nullter Ordnung und eine Störung U, auch Fluktuationspotential genannt, zerlegt

$$H = F + U. \tag{2.10}$$

F ist dabei die Summe aus dem Einelektronenanteil des Hamiltonoperators und dem mit der Hartree-Fock-Dichte D^{HF} kontrahierten Zweielektronenanteil und lässt sich in zweiter Quantisierung schreiben als

$$F = \sum_{pq} F_{pq}\tau_q^p = \sum_{pq} \left[h_{pq} + \sum_{rs} D_{rs}^{HF} \left(\langle pr|qs \rangle - \frac{1}{2}\langle pr|sq \rangle \right) \right] \tau_q^p. \tag{2.11}$$

Dabei ist $\tau_q^p = a_p^\dagger a_q$ der Anregungsoperator in der Spinorbitalbasis, wobei $a^\dagger$ und a die Erzeuger beziehungsweise Vernichter von Elektronen in Spinorbitalen bezeichnen. h_{pq} ist das Matrixelement des Einelektronenanteils des Hamiltonoperators über die Spinorbitale ψ_p und ψ_q. Die Zweielektronenintegrale in Dirac-Notation sind definiert als

$$\langle pr|qs \rangle = \int \psi_p(\mathbf{r}_1,\sigma)^* \psi_q(\mathbf{r}_1,\sigma) \frac{1}{r_{12}} \psi_r(\mathbf{r}_2,\rho)^* \psi_s(\mathbf{r}_2,\rho) d^3\mathbf{r}_1 d^3\mathbf{r}_2 d\sigma d\rho. \tag{2.12}$$

Dabei sind σ und ρ die Spinkoordinaten der Spinorbitale.

2.2. Die Antworttheorie

Man erhält CC2 als eine Näherung zu CCSD durch Vernachlässigung aller T_2-abhängigen Terme des Doppelanregungsteils (2.9) der CC-Gleichungen, die höher als erster Ordnung im Fluktuationspotential U sind. Bei der Gruppierung der Terme von Ω_{ν_2} nach Ordnungen in U ist zu beachten, dass die T_1-Amplituden bei Anwesenheit einer externen Störung nicht zweiter, sondern nullter Ordnung in U sind, da durch die Störung die Brillouin-Bedingung nicht mehr erfüllt ist.[5] Damit erhält man für die Projektion der Doppelanregungen für CC2

$$\Omega_{\nu_2}^{CC2} = \langle \Phi_{\nu_2} | \hat{H} + [F, T_2] | \Phi_0 \rangle = 0. \tag{2.13}$$

Nach dieser Vereinfachung enthält die Gleichung nur noch Terme mit einem formalen Skalierungsverhalten von $\mathcal{O}(N^5)$ (statt $\mathcal{O}(N^6)$ für CCSD). Dadurch eignet sich CC2, ähnlich wie Møller-Plesset-Störungstheorie zweiter Ordnung [67] (MP2), zur Berechnung mittelgroßer Systeme, wobei zu beachten ist, dass die Berechnung angeregter Zustände mit MP2 aufgrund der fehlenden T_1-Amplituden schwierig ist.

Die obige Einordnung der CCSD-Terme nach Ordnungen der Störungstheorie gilt, wie bereits erwähnt, nur bei Anwesenheit einer externen Störung, das heißt nur für die Anwendung in Verbindung mit der Antworttheorie für angeregte Zustände. Dies ist für die in dieser Arbeit gezeigten Projekte erfüllt, jedoch kann diese Annahme für Grundzustandsberechnungen Probleme verursachen. Im Grundzustand sind die T_1-Amplituden zweiter Ordnung, weshalb eine Vernachlässigung von T_2-abhängigen Termen unter Erhalt *aller* T_1-anhängigen Terme nicht ausgewogen ist. So ergeben CC2-Berechnungen zum Beispiel eine barrierefreie Dissoziation von Ozon in drei Sauerstoffatome [68]. Dies kann auf die beschriebene Unausgewogenheit zwischen T_1 und T_2 für die CC2-Grundzustandsenergie zurückgeführt werden [68], weshalb man für reine Grundzustandsanwendungen lieber auf Methoden wie MP2 zurückgreifen sollte.

2.2. Die Antworttheorie

In diesem Abschnitt sollen die Grundzüge der CC-Antworttheorie kurz erläutert werden. Da die Herleitung umfangreich ist und für das Verständnis der vorliegenden Arbeit nicht benötigt wird, werden hier nur die Grundlagen wiedergegeben. Die gesamte Herleitung der Antworttheorie ist zum Beispiel in der Arbeit von Christiansen *et al.* [69] beschrieben.

2.2.1. Antwortfunktionen exakter Theorien

Die Antworttheorie beschreibt die Antwort eines Systems auf eine zeitabhängige Störung. Die Bestimmung der Antwortfunktionen und Eigenschaften ist jedoch durch zeitunabhängige Ausdrücke

---
[5] Dies gilt nur unter der Annahme, dass die Hartree-Fock-Orbitale nicht von der Störung abhängen.

2. Theorie

möglich [69]. Wie zum Beispiel im Übersichtsartikel von Olsen und Jørgensen gezeigt wurde [70], lässt sich die lineare Antwortfunktion in spektraler Form in der Basis der Eigenfunktionen $\{|\Psi_0\rangle, |\Psi_f\rangle\}$ des ungestörten Hamiltonoperators und der zugehörigen Eigenfrequenzen $\{\omega_0, \omega_f\}$ darstellen

$$\langle\langle X;Y\rangle\rangle_\omega = \mathscr{P}^{XY} \sum_{f\neq 0} \frac{\langle\Psi_0|X|\Psi_f\rangle\langle\Psi_f|Y|\Psi_0\rangle}{\omega - (\omega_f - \omega_0)}, \quad (2.14)$$

wobei der Operator $\mathscr{P}^{XY}$ alle Permutationen der beliebigen Ein-Elektronen-Störoperatoren X und Y und der zugehörigen Frequenzen ω erzeugt. Für die vorliegende Arbeit ist vor allem die quadratische Antwortfunktion von Interesse. Auch diese lässt sich in der Basis der Eigenfunktionen $\{|\Psi_0\rangle, |\Psi_i\rangle, |\Psi_f\rangle\}$ des ungestörten Hamiltonoperators und der zugehörigen Eigenfrequenzen $\{\omega_0, \omega_i, \omega_f\}$ in spektraler Form schreiben [70]

$$\langle\langle X;Y,Z\rangle\rangle_{\omega_1,\omega_2} = -\mathscr{P}^{XYZ} \sum_{i,f\neq 0} \frac{\langle\Psi_0|X|\Psi_i\rangle\langle\Psi_i|Y - \langle\Psi_0|Y|\Psi_0\rangle|\Psi_f\rangle\langle\Psi_f|Z|\Psi_0\rangle}{(\omega_0 + \omega_i)(\omega_2 - \omega_f)}. \quad (2.15)$$

Anhand der spektralen Darstellungen sieht man sehr schön die Struktur der Antwortfunktionen: Im Nenner stehen die Anregungsenergien, die als Polstellen der Antwortfunktionen bestimmt werden können. Im Zähler findet man Übergangsmomente zwischen dem Grundzustand und den angeregten Zuständen sowie zwischen den angeregten Zuständen. Diese können über die Residuen der Antwortfunktionen bestimmt werden. Die Übergangsmomente zwischen angeregten Zuständen erhält man aus dem Doppel-Residuum der quadratischen Antwortfunktion. Als Spezialfall sind dadurch für $i = f$ auch Erwartungswerte angeregter Zustände zugänglich [38].

2.2.2. Coupled-Cluster-Antworttheorie

Um mit Hilfe der CC-Theorie Eigenschaften angeregter Zustände unter Verwendung der Antworttheorie berechnen zu können, muss man eine genäherte Antwortfunktion finden, welche die gleiche Polstruktur besitzt wie die exakte Antwortfunktion. Damit lassen sich dann die Anregungsenergien und Übergangsmomente des genäherten Systems bestimmen. Wie von Christiansen *et al.* gezeigt wurde [71], kann man dazu das Lagrangesche Funktional $\mathscr{L}$ (2.6) nach den CC-Amplituden t_{μ_i} sowie den Lagrangeschen Multiplikatoren $\bar{t}_{\nu_i}$ variieren. Dabei sind $\bar{t}_{\nu_i}$ die Lagrangeschen Multiplikatoren für die Bedingung, dass die CC-Gleichungen erfüllt sein müssen. Die Bestimmung der Anregungsenergien $\{\omega_i\}$ als Polstellen der Antwortfunktion erfolgt dann über die Lösung einer der beiden Eigenwertgleichungen [71]

$$\bar{E}^i \mathbf{A} = \omega_i \bar{E}^i, \quad (2.16)$$
$$\mathbf{A} E^i = \omega_i E^i. \quad (2.17)$$

2.2. Die Antworttheorie

$\bar{E}$ und E sind dabei die linken und rechten Eigenvektoren der Jacobimatrix $\mathbf{A}$, welche als Ableitung des Lagrangeschen Funktionals nach den Lagrangeschen Multiplikatoren und den Amplituden bestimmt wird

$$A_{\mu_i \nu_j} = \frac{\partial^2 \mathscr{L}}{\partial \bar{t}_{\mu_i} \partial t_{\nu_j}} = \langle \Phi_{\mu_i} | [e^{-T} H e^T, \tau_{\nu_i}] | \Phi_0 \rangle. \qquad (2.18)$$

Rechte und linke Eigenvektoren sind dabei in der CC-Theorie im Allgemeinen verschieden, da die Jacobimatrix nicht hermitesch ist [27, 29]. Dadurch sind prinzipiell auch komplexe Anregungsenergien möglich, was im Bereich des Grundzustandsminimums allerdings selten zu Problemen führt [72].

Zur Bestimmung der Übergangsmomente kann man ebenfalls ein Lagrangesches Funktional konstruieren. Darin benötigt man die Lagrangeschen Multiplikatoren $\bar{N}^{fi}$ für die Bedingung, dass die CC-Gleichungen (2.5) erfüllt seien müssen [73]. Die Bestimmungsgleichungen für die Lagrangeschen Multiplikatoren $\bar{N}^{fi}$

$$(\mathbf{A} + \mathbf{1}(\omega_i - \omega_f)) \bar{N}^{fi}(-\omega_i, \omega_f) = -\bar{E}^f(-\omega_f) \mathbf{B} E^i(\omega_i) \qquad (2.19)$$

erhält man dann aus den Stationaritätsbedingungen dieses Lagrangeschen Funktionals. Die Matrix $\mathbf{B}$ ist die Ableitung der Jacobimatrix $\mathbf{A}$ nach den Amplituden

$$B_{\mu_i \nu_j \gamma_k} = \frac{\partial A_{\mu_i \nu_j}}{\partial t_{\gamma_k}}. \qquad (2.20)$$

Mit Hilfe der Lagrangeschen Multiplikatoren $\bar{N}^{fi}$ kann man das rechte Übergangsmoment $\langle i|X|f \rangle$ zwischen zwei angeregten Zuständen schreiben als

$$\langle i|X|f \rangle = \bar{N}^{fi}(-\omega_i, \omega_f) \xi^X + \bar{E}^f(-\omega_f) \mathbf{A}^X E^i(\omega_i), \qquad (2.21)$$

wobei $\mathbf{A}^X$ und ξ^X wie folgt definiert sind:

$$A^X_{\mu_i \nu_j} = \langle \Phi_{\mu_i} | [e^{-T} X e^T, \tau_{\nu_i}] | \Phi_0 \rangle, \qquad (2.22)$$

$$\xi^X_{\mu_i} = \langle \Phi_{\mu_i} | e^{-T} X e^T | \Phi_0 \rangle. \qquad (2.23)$$

Das linke Übergangsmoment lässt sich analog zu Gl. (2.21) schreiben, wobei nur i und f zu vertauschen sind.

2.3. Die ADC-Theorie

2.3.1. Ansatz

Bei den ADC-Modellen handelt es sich um eine Klasse von Propagatormethoden, die von Schirmer [33, 34] vorgeschlagen wurde. Da die Propagatormethoden im Rahmen der Theorie Greenscher Funktionen [74] formuliert werden, soll hier nur der generelle Ansatz aufgezeigt werden. Auf explizite Formeln und Herleitungen wird dabei soweit wie möglich verzichtet.

Grundlage für die Definition der ADC-Modelle ist eine Aufteilung des Hamiltonoperators, wie im Falle von CC2, in einen diagonalen Einteilchenanteil und eine Störung (siehe Gl. (2.10)). Daraus lässt sich eine Störungsentwicklung für die n-Teilchen-Greensche Funktion herleiten, welche durch Feynman-Diagramme dargestellt werden kann. Die physikalischen Eigenschaften, welche durch die Greensche Funktion beschrieben werden, sind auch im einfacheren Polarisationspropagator **P** enthalten, welcher zusammen mit einem beliebigen Einelektronenoperator X die Antwortfunktion

$$\langle\langle X;X\rangle\rangle_\omega = X^\dagger \mathbf{P} X \tag{2.24}$$

definiert. Der Polarisationspropagator **P** ist in Superoperatorschreibweise definiert als [75, 76]

$$P_{\nu_i\mu_j} = \left\langle \Psi_0 \left| \tau^\dagger_{\nu_i} \left(\omega - \tilde{H}\right)^{-1} \tau_{\mu_j} \right| \Psi_0 \right\rangle, \tag{2.25}$$

wobei $\tilde{H}$ ein Superoperator ist, der auf einen anderen Operator $\mathscr{O}$ wie folgt wirkt:

$$\tilde{H}\mathscr{O} = [H, \mathscr{O}]. \tag{2.26}$$

H ist dabei der Hamiltonoperator des betrachteten Systems.

Zur Bestimmung der ADC-Ausdrücke führt man eine Störungsentwicklung für den Polarisationspropagator und die Antwortfunktion durch. Diese Entwicklungen lassen sich über Diagramme darstellen. Als Bedingung für die Bestimmung der Störungsentwicklungen fordert man, dass die Antwortfunktionen n-ter Ordnung bis zur n-ten Ordnung korrekt sind. Dadurch ist die Methode allerdings noch nicht eindeutig definiert. Die endgültige Form erhält man dann aus der diagrammatischen Störungsentwicklung. Die unendlichen partiellen Summen der diagrammatischen Störungsentwicklungen sind durch die oben beschriebene Konstruktion immer exakt bis zur n-ten Ordnung und werden deshalb als ADC(n)-Näherungen bezeichnet. Die Abkürzung ADC bedeutet *Algebraic Diagrammatic Construction* und erinnert an die Konstruktion durch Vergleich der algebraischen Ausdrücke mit der diagrammatischen Darstellung des Polarisationspropagators.

Im Gegensatz zu anderen Polarisationspropagatormethoden wie RPA [77, 78] oder TDA [79], sind im ADC-Schema sowohl die Anregungsenergien als auch die Übergangsmomente korrekt bis zur

2.3. Die ADC-Theorie

Tabelle 2.2 – Genauigkeit von Anregungsenergien und Übergangsmomenten einfach angeregter Zustände von verschiedenen Methoden in Ordnungen der Störungstheorie [30, 33].

Methode	Anregungsenergien	Übergangsmomente
TDA	1	0
RPA[a]	1	1
ADC(1)	1	1
ADC(2)	2	2^b
CC2-LR[a]	2	1

[a]Enthält zusätzlich Terme höherer Ordnung.
[b]Im Rahmen der vorliegenden Arbeit wurde eine Näherung der ADC(2)-Übergangsmomente implementiert, welche nur bis zur ersten Ordnung Störungstheorie korrekt ist. Siehe dazu Kap. 2.3.2.

n-ten Ordnung, ohne dabei eventuell unausgewogene Beiträge höherer Ordnung zu enthalten (siehe auch Tab. 2.2). CC2 enthält einige Beiträge höherer Ordnung, was im folgenden Abschnitt noch diskutiert wird. Eine weitere wichtige Eigenschaft, vor allem im Hinblick auf die Anwendung auf große Systeme, ist die Größenkonsistenz, die für alle ADC-Methoden erfüllt ist. Vorteilhaft erweist sich im Vergleich zu CC2, dass die Matrizen im Falle von ADC hermitesch sind und dadurch keine komplexen Eigenwerte auftreten können. Des Weiteren wird durch die Hermitizität der Rechenaufwand reduziert, was bei der effizienten Implementierung sehr hilfreich ist (siehe auch Kap. 3).

Der Polarisationspropagator (2.25) kann durch Umschreiben der Resolvente $\left(\omega - \tilde{H}\right)^{-1}$ in seine Spektraldarstellung überführt werden

$$P_{\nu_i \mu_j} = \sum_{f \neq 0} \frac{\left\langle \Psi_0 \left| \tau_{\nu_i}^\dagger \right| \Psi_f \right\rangle \left\langle \Psi_f \left| \tau_{\mu_j} \right| \Psi_0 \right\rangle}{\omega - (\omega_f - \omega_0)}. \tag{2.27}$$

Anhand dieser Darstellung erkennt man, dass der Polarisationspropagator die selbe Polstruktur und die gleichen Residuen hat wie die lineare Antwortfunktion und somit die gleichen physikalischen Informationen enthält wie diese.

2.3.2. Der Zusammenhang zwischen CC2 und ADC(2)

Der Zusammenhang zwischen CC2 und ADC(2) soll hier kurz Anhand einer Untersuchung der Jacobimatrix (2.18) aufgezeigt werden [80]. Die CC2-Jacobimatrix lässt sich schreiben als

$$\mathbf{A}^{CC2} = \begin{pmatrix} \left\langle \Phi_i^a \left| \left[(\hat{H} + [\hat{H}, T_2]), \tau_k^c \right] \right| \Phi_0 \right\rangle & \left\langle \Phi_i^a \left| \left[\hat{H}, \tau_{kl}^{cd} \right] \right| \Phi_0 \right\rangle \\ \left\langle \Phi_{ij}^{ab} \left| \left[\hat{H}, \tau_k^c \right] \right| \Phi_0 \right\rangle & \left\langle \Phi_{ij}^{ab} \left| \left[F, \tau_{kl}^{cd} \right] \right| \Phi_0 \right\rangle \end{pmatrix}. \tag{2.28}$$

2. Theorie

Diese Jacobimatrix enthält einige Beiträge, die für eine bis zu zweiter Ordnung korrekte Beschreibung von Anregungsenergien einfachanregungsdominierter Zustände nicht notwendig sind. Dies sind all diejenigen Beiträge, die aus der Ähnlichkeitstransformation des Hamiltonoperators hervorgehen. Löst man anstatt der CC2-Gleichungen die MP2-Gleichungen für den Grundzustand, entfallen diese Terme und man erhält eine andere Methode zweiter Ordnung, die als CIS(D_∞) bezeichnet wird [81]. Diese wurde ursprünglich als Variante von CIS(D) [82, 83] über eine entartete Störungstheorie ausgehend von CIS motiviert. Die zugehörige Jacobimatrix ist, wie bei CC2, nicht hermitesch. Dieser Nachteil wird mit der ADC(2) Methode vermieden, da für diese die Jacobimatrix hermitesch gewählt wird.[6] Dazu symmetrisiert man die Jacobimatrix der CIS(D_∞) Methode, wodurch man komplexe Eigenwerte (Anregungsenergien) etc. vermeiden kann

$$\mathbf{A}^{ADC(2)} = \frac{1}{2} \left(\mathbf{A}^{CIS(D_\infty)} + \left(\mathbf{A}^{CIS(D_\infty)} \right)^\dagger \right), \tag{2.29}$$

$$\mathbf{A}^{CIS(D_\infty)} = \begin{pmatrix} \left\langle \Phi_i^a \left| H - E^{HF} \right| \Phi_k^c \right\rangle + \left\langle \Phi_i^a \left| \left[H, T_2^{(1)} \right], \tau_k^c \right] \right| \Phi_0 \right\rangle & \left\langle \Phi_i^a \left| H \right| \Phi_{kl}^{cd} \right\rangle \\ \left\langle \Phi_{ij}^{ab} \left| H \right| \Phi_k^c \right\rangle & \left\langle \Phi_{ij}^{ab} \left| F - E^{(0)} \right| \Phi_{kl}^{cd} \right\rangle \end{pmatrix}, \tag{2.30}$$

wobei E^{HF} die Hartree-Fock-Energie ist und $E^{(0)} = \left\langle \Phi_0 \left| F \right| \Phi_0 \right\rangle$.

So kann man also ADC(2) recht einfach in ein existierendes CC2-Programm implementieren, indem man die CC2-Grundzustandsamplituden durch die MP2-Amplituden ersetzt und den Singles-Singles-Block der Jacobimatrix symmetrisiert [80].

Zu beachten ist, dass die später in dieser Arbeit verwendeten ADC(2)-Übergangsmomente nur in erster Ordnung Störungstheorie korrekt sind und damit nicht der strikten Definition von ADC(2) entsprechen. Im strikten ADC(2) entwickelt man die Wellenfunktion des Grund- und des angeregten Zustandes nach Ordnungen der Störung und berechnet damit das Übergangsmoment eines beliebigen Einelektronen-Übergangsoperators X korrekt bis zur zweiten Ordnung als

$$\left\langle \Psi_0 \left| X \right| \Psi_f \right\rangle^{ADC(2)} = \left\langle \Psi_0^{(0)} \left| X \right| \Psi_f^{(0)} \right\rangle + \left\langle \Psi_0^{(1)} \left| X \right| \Psi_f^{(0)} \right\rangle + \left\langle \Psi_0^{(0)} \left| X \right| \Psi_f^{(1)} \right\rangle$$
$$+ \left\langle \Psi_0^{(1)} \left| X \right| \Psi_f^{(1)} \right\rangle + \left\langle \Psi_0^{(2)} \left| X \right| \Psi_f^{(0)} \right\rangle + \left\langle \Psi_0^{(0)} \left| X \right| \Psi_f^{(2)} \right\rangle. \tag{2.31}$$

Die Berechnung der vollen ADC(2)-Übergangsmomente nach Gleichung (2.31) würde die Berechnung der Wellenfunktion zweiter Ordnung und damit der T_2-Amplituden zweiter Ordnung für den Grundzustand erfordern, was mit $\mathcal{O}(N^6)$ skaliert. Daher wurde in der derzeitigen Implementierung auf die Terme verzichtet, in die die Wellenfunktion zweiter Ordnung eingeht, sodass die ADC(2)-Übergangsmomente — wie die CC2-Übergangsmomente — nur bis zur ersten Ordnung korrekt sind [84].

---

[6] Dies ist allerdings nur eine Feststellung und kein Konstruktionskriterium der ADC(2)-Methode.

2.4. Spin-Bahn-Kopplung

2.4.1. Spin-Bahn-Kopplung in der Breit-Pauli-Entwicklung

Da die in dieser Arbeit beschriebene Implementierung hauptsächlich auf die Berechnung von Molekülen mit nicht zu schweren Elementen ausgerichtet ist, benutzen wir die sich aus der Breit-Pauli-Entwicklung des relativistischen Hamilton-Operators ergebende Definition des Spin-Bahn-Operators

$$H_{SO} = H_{SO}^{(1)} + H_{SO}^{(2)} \tag{2.32}$$

mit den Ein- und Zweielektronenbeiträgen [85]

$$H_{SO}^{(1)} = \sum_{\zeta} \sum_{pq} h_{pq}^{\zeta}\, {}^{(3)}\tau_p^{q,\zeta} \tag{2.33}$$

$$H_{SO}^{(2)} = \sum_{\zeta} \sum_{pqrs} \left\{ 2(pq|rs)^{\zeta} + (rs|pq)^{\zeta} \right\}\, {}^{(3)}\tau_{pr}^{qs,\zeta}, \tag{2.34}$$

wobei $\zeta = x, y, z$ über die drei kartesischen Komponenten läuft und die jeweilige Komponente der Operatoren bezeichnet. Die kartesischen Komponenten der Triplett-Anregungsoperatoren ${}^{(3)}\tau^{\zeta}$ sind im Anhang A definiert. Die Matrixelemente h_{pq}^{ζ} und $(pq|rs)^{\zeta}$ sind gegeben als

$$h_{pq}^{\zeta} = -\left\langle p \left| h^{\zeta}(1) \right| q \right\rangle \tag{2.35}$$

$$(pq|rs)^{\zeta} = -\left\langle pr \left| g_{SSO}^{\zeta}(1,2) \right| qs \right\rangle = -\left\langle rp \left| g_{SOO}^{\zeta}(1,2) \right| sq \right\rangle, \tag{2.36}$$

mit dem Einelektronen-Spin-Bahn-Operator

$$h^{\zeta}(i) = \frac{\alpha^2}{2} \sum_{I} \frac{Z_I}{r_{iI}^3} \left(\mathbf{r}_{iI} \times \mathbf{p}_i \right)^{\zeta}. \tag{2.37}$$

Der Zweielektronen-Spin-Bahn-Operator wurde in zwei Anteile zerlegt

$$g_{SOO}^{\zeta}(i,j) = \frac{\alpha^2}{2 r_{ij}^3} \left(\mathbf{r}_{ij} \times \mathbf{p}_j \right)^{\zeta}, \tag{2.38}$$

$$g_{SSO}^{\zeta}(i,j) = \frac{\alpha^2}{2 r_{ij}^3} \left(\mathbf{r}_{ji} \times \mathbf{p}_i \right)^{\zeta}. \tag{2.39}$$

g_{SSO} ist der *Spin-Same Orbit* (SSO-) und g_{SOO} der *Spin-Other Orbit* (SOO-) Anteil des Zweielektronen-Spin-Bahn-Operators, α die Feinstrukturkonstante und Z_I ist die Kernladung des Kerns I. r_{ix} ist der Betrag des Vektors $\mathbf{r}_{ix} = \mathbf{r}_i - \mathbf{r}_x$ welcher den Ort des Elektrons i mit dem des Teilchens x (Elektron j oder Kern I) verbindet. $\mathbf{p}_i$ ist der Impulsoperator des Elektrons i.

2. Theorie

2.4.2. Der Spin-Bahn-Mean-Field-Operator

Die Idee hinter dem *Mean-Field*-Ansatz für den Spin-Bahn-Kopplungsoperator (H_{SOMF}) ist es, den Spin-Bahn-Beitrag des Breit-Pauli-Operators näherungsweise als effektiven Einelektronenoperator der Form

$$H_{SOMF} = \sum_{\zeta}\sum_{pq} z^{\zeta}_{pq} \tau^{q,\zeta}_{p} \qquad (2.40)$$

darzustellen, wodurch die Auswertung der Integrale konzeptionell einfacher wird und mit geringerem Rechenaufwand verbunden ist als unter Verwendung des vollen Zweielektronenoperators. **z** ist dabei ein effektiver hermitescher aber komplexer Operator, welcher über seine Matrixelemente definiert wird:

$$\begin{aligned}z^{\zeta}_{pq} &= \left\langle p \left| z^{\zeta} \right| q \right\rangle \\ &= h^{\zeta}_{pq} + \sum_{ij} D_{ij}\left[(ij|pq)^{\zeta} - \frac{3}{2}(pi|jq)^{\zeta} + \frac{3}{2}(qi|jp)^{\zeta}\right],\end{aligned} \qquad (2.41)$$

wobei **D** eine effektive Einteilchendichte ist [85]. Die gesamte Herleitung [85–88] ist für das Verständnis der vorliegenden Arbeit nicht nötig und wird daher nicht aufgeführt.

Für den *atomare* Spin-Bahn-*Mean-Field*-Operator [86, 87] werden ausgehend von der obigen Formulierung noch zwei weitere Näherungen gemacht, welche im populären AMFI-Programm von Schimmelpfennig [89] angewendet werden. Zum einen werden alle Mehrzentren-Beiträge vernachlässigt, also sowohl im Ein- als auch im Zweielektronenteil der Spin-Bahn-Wechselwirkung. Zum anderen wird die Dichte **D** aus Atom-SCF-Orbital-Koeffizienten aufgebaut anstatt die volle (nichtsphärische) molekulare Dichte zu verwenden. Diese beiden Näherungen erlauben die volle Ausnutzung der sphärischen Symmetrie der Atome, was zu einer Beschleunigung der Spin-Bahn-Berechnungen führt.

Allerdings werden durch die beiden Näherungen auch Fehler induziert, welche durch den in dieser Arbeit verwendeten *molekularen* Spin-Bahn-*Mean-Field*-Operator [85, 88] durch Verzicht auf eben diese Näherungen vermieden werden.

2.5. Bezug zu experimentellen Größen

2.5.1. Transiente Absorptionsspektren

Zur Interpretation experimenteller transienter Spektren benötigt man zum einen die Energie der jeweiligen Übergänge $\Delta E(f \leftarrow i)$, also die Anregungsenergie aus dem angeregten Zustand, und zum anderen die Oszillatorstärke des zugehörigen Übergangs. Als Übergangsenergie wird in der vorliegenden Arbeit die vertikale Anregungsenergie aus dem Ausgangszustand berechnet. Die Stärke des jeweiligen Übergangs lässt sich über das Übergangsdipolmoment $\langle i|\mu|f\rangle$ ausdrücken. Da die Jacobi-

2.5. Bezug zu experimentellen Größen

Matrix für alle CC-Methoden nicht hermitesch ist, ergeben sich zwei Übergangsmomente $\langle i|\mu|f\rangle$ und $\langle f|\mu|i\rangle$, die nicht zwingend identisch sind und sogar komplexe Beiträge enthalten können. Die physikalisch sinnvolle Größe aus der Antworttheorie ist der Realteil des Produkts der beiden Übergangsdipole, welcher auch als Übergangsstärke S^{if} bezeichnet wird

$$S^{if} = \frac{1}{2}\left\{\langle i|\mu|f\rangle\langle f|\mu|i\rangle + \langle i|\mu|f\rangle^*\langle f|\mu|i\rangle^*\right\} \quad (2.42)$$

$$= \left\{|\langle i|\mu_x|f\rangle|^2 + |\langle i|\mu_y|f\rangle|^2 + |\langle i|\mu_z|f\rangle|^2\right\} \quad (2.43)$$

Das Übergangsdipolmoment lässt sich dann als Wurzel der Übergangsstärke berechnen. Die in Kapitel 4 angegebenen Übergangsmomente wurden alle nach dieser Prozedur bestimmt.

Aus dem experimentellen Spektrum erhält man durch Integration über die entsprechende Absorptionsbande des Spektrums deren zugehörige Oszillatorstärke.[7] Im Rahmen der theoretischen Beschreibung erhält man die Oszillatorstärke eines Überganges f^{if} (in Längeneichung) aus der Anregungsenergie des Überganges $\Delta E(f \leftarrow i)$ und der Übergangsstärke S^{if} (siehe Gl. (2.43)) entsprechend der Formel

$$f^{if} = \frac{2}{3}\Delta E(f \leftarrow i) S^{if}. \quad (2.44)$$

2.5.2. Spin-Bahn-Kopplung

Inter-System Crossing Die Rate k eines strahlungslosen Übergangs von einem Singulett- oder Triplett-Ausgangszustand $|i\rangle$ zu den Triplett- oder Singulett-Endzuständen $\{|f\rangle\}$ berechnet sich unter Verwendung der Fermischen goldenen Regel in der Condon-Näherung[8] als [90–92]

$$k_{\{f\}\leftarrow i} = \frac{2\pi}{\hbar}\sum_f |\langle i|H_{SO}|f\rangle|^2 |\langle v_i|v_f\rangle|^2 \delta\left(E_i^{(0)} - E_f^{(0)}\right). \quad (2.45)$$

Dabei gehen neben den Spin-Bahn-Matrixelementen (SOMEs) $\langle i|H_{SO}|f\rangle$ auch die zugehörigen Franck-Condon-(FC)-Faktoren[9] $|\langle v_i|v_f\rangle|^2$ sowie die Energiedifferenz der beim Übergang beteiligten Zustände ein. Daher ist eine Abschätzung der Rate ohne die Bestimmung der FC-Faktoren nur eingeschränkt möglich. Da die Bestimmung der FC-Faktoren für große Moleküle aufwendig ist, wurden diese in der vorliegenden Arbeit nicht bestimmt. Des Weiteren ist die Molekülgeometrie zum

---
[7] Dabei kann es durch Überlagerung verschiedener Übergänge zu Problemen kommen.
[8] In der Condon-Näherung nimmt man an, dass die elektronische Kopplung nicht von den Kernkoordinaten abhängt.
[9] In Ausdruck (2.45) wird implizit über alle Schwingungsmoden aufsummiert.

Zeitpunkt des Überganges meist unbekannt, weshalb oft mehrere Berechnungen bei verschiedenen Geometrien durchgeführt werden, was einen großen Einfluss auf die Energie der Zustände haben kann. In Bereichen konischer Durchschneidungen ist eine Anwendung der Fermischen goldenen Regel oft nicht mehr legitim [93], was die Berechnung der ISC-Raten nur durch eine explizite Dynamik auf den Zustandsflächen zulässt [94].

3. Implementierung von Übergangsmomenten zwischen angeregten Zuständen

3.1. Partitionierbarkeit und RI-Näherung

Die Implementierung ist eine Erweiterung der existierenden Routinen zur Berechnung von Übergangsmomenten zwischen Grund- und angeregtem Zustand [38] sowie der Erwartungswerte angeregter Zustände [95] des RICC2 Moduls [38, 40] des quantenchemischen Programmpakets TURBOMOLE [96]. Bevor die Änderungen beschrieben werden, soll hier deshalb ein kurzer Überblick über diese Implementierung gegeben werden.

Eine wichtige Eigenschaft der CC2-Methode ist, dass sich Gleichung (2.13) direkt zu einem MP2-ähnlichen Ausdruck invertieren lässt, womit man einen Ausdruck für die Zweifachamplituden erhält:

$$t_{ij}^{ab} = (1 + \delta_{ij}\delta_{ab})^{-1} \frac{(ai\hat{|}bj)}{\varepsilon_i + \varepsilon_j - \varepsilon_a - \varepsilon_b}. \tag{3.1}$$

$(ai\hat{|}bj)$ sind dabei die T_1-transformierten Zweielektronenintegrale

$$(pq\hat{|}rs) = \sum_{\mu\nu\kappa\lambda} \Lambda_{\mu p}^{p} \Lambda_{\nu q}^{h} \Lambda_{\kappa r}^{p} \Lambda_{\lambda s}^{h} (\mu\nu|\kappa\lambda) \tag{3.2}$$

$$\Lambda^p = \mathbf{C}(\mathbf{1} - \mathbf{t}_1^T), \Lambda^h = \mathbf{C}(\mathbf{1} + \mathbf{t}_1), \tag{3.3}$$

wobei $\mathbf{C}$ die Transformationsmatrix für die kanonischen Molekülorbitale darstellt. Eine Erklärung der verschiedenen Indizes ist in Tabelle 2.1 zusammengefasst. Zur Konstruktion der Transformationsmatrizen (3.3) muss die Matrix $\mathbf{t}_1$ gemäß

$$\mathbf{t}_1 = \begin{pmatrix} 0 & 0 \\ t_{ia} & 0 \end{pmatrix} \tag{3.4}$$

auf die volle Orbitalbasis erweitert werden. Mit Hilfe der Gleichungen (2.8) und (3.1) kann man nun eine effektive Gleichung aufstellen, welche nur die Einfachamplituden enthält. Die Zweifachamplituden müssen nicht gespeichert werden und können, wenn sie gebraucht werden, jederzeit via Gleichung (3.1) berechnet werden.

Die selbe Strategie kann auch für linke und rechte Matrix-Vektor-Produkte mit der Jacobi-Matrix, $\bar{E}\mathbf{A}$ und $\mathbf{A}E$, und für die **B**-Matrixtransformation $\bar{E}\mathbf{B}E$ angewendet werden. Dabei erhält man die effektive Jacobimatrix für die Einfachanregungen

$$\mathbf{A}_{\mu_1\nu_1}^{\text{eff}} = \mathbf{A}_{\mu_1\nu_1} - \sum_{\gamma_2} \frac{\mathbf{A}_{\mu_1\gamma_2}\mathbf{A}_{\gamma_2\nu_1}}{\varepsilon_{\gamma_2} - \omega}, \tag{3.5}$$

3. Implementierung

wobei ε_{γ_2} die Orbitalenergiedifferenzen der jeweiligen Zweifachanregung sind. Dies ermöglicht es, sowohl die beiden Eigenwertgleichungen zur Bestimmung von $\bar{E}$ und E für alle gewünschten angeregten Zustände, als auch die linearen Gleichungen zur Bestimmung der Lagrangeschen Multiplikatoren $\bar{N}^{if}$ in einer in Einfach- und Doppelanregungsanteil separierten Form zu formulieren [38]. Die expliziten Formeln sind in Tabelle B.5 aufgeführt. So erhält man ausgehend vom linearen Gleichungssystem für $\bar{N}^{if}$

$$\bar{N}^{if}(\omega)(\mathbf{A}+\omega) = -\bar{n}^{if}(\omega) \tag{3.6}$$

die effektive Gleichung

$$\bar{N}^{if}_{\nu_1}(\omega)\left(\mathbf{A}^{\text{eff}}_{\nu_1\mu_1}(-\omega)+\omega\right) = -\bar{n}^{\text{eff},if}_{\mu_1}(\omega) \tag{3.7}$$

mit der effektiven rechten Seite

$$\bar{n}^{\text{eff},if}_{\mu_1}(\omega) = \bar{n}^{if}_{\mu_1}(\omega) - \sum_{\nu_2}\frac{\bar{n}^{if}_{\nu_2}(\omega)\mathbf{A}_{\nu_2\mu_1}}{\varepsilon_{\nu_2}+\omega} \tag{3.8}$$

$$= \sum_{i=1}^{2}\sum_{\gamma_i\nu_1}\bar{E}^i_{\gamma_i}(-\omega)\mathbf{B}_{\gamma_i\nu_1\mu_1}E^f_{\nu_1}(\omega) + \sum_{\gamma_1\nu_2}\bar{E}^i_{\gamma_1}(-\omega)\mathbf{B}_{\gamma_1\nu_2\mu_1}E^f_{\nu_2}(\omega) - \sum_{\nu_2}\frac{\bar{n}^{if}_{\nu_2}\mathbf{A}_{\nu_2\mu_1}}{\varepsilon_{\nu_2}+\omega}. \tag{3.9}$$

Der Doppelanregungsteil des Lagrangeschen Multiplikators kann dann über den zu Gleichung (3.1) analogen Ausdruck

$$\bar{N}^{if}_{\mu_2}(\omega) = -\frac{\bar{n}^{if}_{\mu_2}(\omega) + \sum_{\mu_1}\bar{N}^{if}_{\mu_1}(\omega)\mathbf{A}_{\mu_1\mu_2}}{\varepsilon_{\mu_2}+\omega} \tag{3.10}$$

mit Hilfe des Doppelanregungsanteils der rechten Seite

$$\bar{n}^{if}_{\mu_2}(\omega) = \sum_{\nu_1\gamma_1}\bar{E}^i_{\nu_1}(-\omega)\mathbf{B}_{\nu_1\gamma_1\mu_2}E^f_{\gamma_1}(\omega) \tag{3.11}$$

bei Bedarf berechnet werden. Um den Vorteil der *on-the-fly* berechneten Doppelanregungsgrößen bestmöglich auszunutzen, benötigt man allerdings eine beschleunigte Transformation und Speicherung der (modifizierten) Zweielektronenintegrale.

In der *Resolution-of-the-Identity* (RI) Näherung [35,36,97] werden die Zweielektronenintegrale in einer Auxiliarbasis $\{P\}$ entwickelt

$$(\mu\nu|\kappa\lambda) = \sum_{PQ}(\mu\nu|P)V^{-1}_{PQ}(Q|\kappa\lambda), \tag{3.12}$$

wobei $(\mu\nu|P)$ und die metrische Matrix $V_{PQ}=(P|Q)$ (auch Coulomb-Metrik genannt [97]) Drei- und

3.2. Übergangsmomente zwischen angeregten Zuständen

Zwei-Indexgrößen sind. Die obigen Integrale sind definiert als

$$(\mu\nu|\kappa\lambda) = \int dr_1^3 dr_2^3 \phi_\mu(\mathbf{r}_1)^* \phi_\nu(\mathbf{r}_1) \frac{1}{r_{12}} \phi_\kappa(\mathbf{r}_2)^* \phi_\lambda(\mathbf{r}_2), \tag{3.13}$$

$$(\mu\nu|P) = \int dr_1^3 dr_2^3 \phi_\mu(\mathbf{r}_1)^* \phi_\nu(\mathbf{r}_1) \frac{1}{r_{12}} \phi_P(\mathbf{r}_2), \tag{3.14}$$

$$(P|Q) = \int dr_1^3 dr_2^3 \phi_P(\mathbf{r}_1) \frac{1}{r_{12}} \phi_Q(\mathbf{r}_2). \tag{3.15}$$

Durch die Entwicklung (3.12) müssen nur noch Drei-Indexgrößen transformiert und auf der Festplatte gespeichert werden

$$\hat{B}_{pq}^Q = \sum_\mu \Lambda_{\mu p}^p \sum_\nu \Lambda_{\nu q}^h \sum_P (\mu\nu|P) V_{PQ}^{-1/2}, \tag{3.16}$$

wodurch der Transformationsschritt mit $\mathcal{O}(N^4)$ und der Speicherbedarf mit $\mathcal{O}(N^3)$ skaliert. N ist dabei ein Maß für die Systemgröße. Die transformierten Zweielektronenintegrale (3.2) können dann als

$$(a\hat{i}|bj) = \sum_Q \hat{B}_{ai}^Q \hat{B}_{bj}^Q \tag{3.17}$$

berechnet werden. Dieser Ausdruck skaliert immer noch mit $\mathcal{O}(N^5)$, allerdings mit einem viel kleineren Vorfaktor, da zwei Indizes nur über besetzte Orbitale laufen. Zusätzlich kann dieser Ausdruck mit Hilfe hoch vektorisierter Matrix-Multiplikationsmethoden effizient berechnet werden [40, 98].

3.2. Übergangsmomente zwischen angeregten Zuständen

Eine Implementierung des Ausdrucks für die Übergangsmomente (2.21) aus dem vorigen Kapitel ist für den Fall, dass gleichzeitig Übergangsmomente für mehrere Operatoren ausgerechnet werden sollen, nicht effizient. Statt dessen definiert man Operator-unabhängige Einteilchendichten, welche man dann effizient mit den Einelektronenintegralen $\hat{V}_{pq}$ eines beliebigen Einelektronenoperators X kontrahieren kann. Für die Übergangsmomente zwischen angeregten Zuständen benötigt man dazu die von Hättig et al. [38] eingeführten ξ- und Λ-Dichten $D^\xi(L)$ und $D^\Lambda(L,R)$, welche formal als Ableitungen nach den Einelektronenintegralen erhalten werden:

$$D_{pq}^\xi(L) = \frac{\partial L\xi^X}{\partial \hat{V}_{pq}}, \tag{3.18}$$

$$D_{pq}^\Lambda(L,R) = \frac{\partial L\Lambda R}{\partial \hat{V}_{pq}}. \tag{3.19}$$

3. Implementierung

Explizite Ausdrücke sind in Tabelle B.7 angegeben. Mit diesen Dichten kann man $\langle i|X|f\rangle$ wie folgt darstellen

$$\langle i|X|f\rangle = \sum_{pq}\left\{D^{\xi}_{pq}(\bar{N}^{fi}) + D^{A}_{pq}(\bar{E}^{f},E^{i})\right\}\hat{V}_{pq}. \qquad (3.20)$$

Im Gegensatz zu den Übergangsmomenten aus dem Grundzustand erhält man hier den gleichen Ausdruck auch für das Übergangsmoment $\langle f|X|i\rangle$ (mit i und f vertauscht). Für den Spezialfall $i=f$ erhält man Erwartungswerte angeregter Zustände [38].

Da ADC(2) eine hermitesche Methode ist, reduziert sich der Aufwand zur Berechnung der Übergangsmomente gegenüber CC2 erheblich. So muss nur ein Satz an Eigenvektoren berechnet werden, die Berechnung der Lagrangeschen Multiplikatoren $\bar{N}^{if}$ entfällt vollständig und prinzipiell genügt die Berechnung einer A-Dichte. Dadurch sind ADC(2)-Übergangsmomente theoretisch um einen Faktor von ca. 3 weniger rechenaufwändig als CC2-Übergangsmomente. In der derzeitigen Implementierung werden jedoch beide (für ADC(2) eigentlich redundanten) A-Dichten, also $D^{A}_{pq}(\bar{E}^{f},E^{i})$ und $D^{A}_{pq}(\bar{E}^{i},E^{f})$ mit dem selben Algorithmus wie für CC2 berechnet. Somit erhält man zwei A-Dichten, deren virtuell-besetzt-Block Null ist. Um nun die symmetrische ADC(2)-Übergangsdichte zu erhalten, muss man diese A-Dichten noch symmetrisieren. Mit dieser Vorgehensweise berechnet man den virtuell-virtuell- und besetzt-besetzt-Block der A-Dichte doppelt. Daher wird die theoretisch mögliche Einsparung von $\frac{2}{3}$ der Rechenzeit im Vergleich zu CC2 nicht ganz erreicht.

3.3. Ablauf der Berechnung von Übergangsmomenten zwischen angeregten Zuständen

Die Berechnung von Übergangsmomenten zwischen angeregten Zuständen erfolgt über folgende Schritte:

- Iterative Berechnung der Grundzustandsamplituden t, wobei die T_2-Amplituden stets nach Gleichung (3.1) direkt berechnet werden.

- Iterative Berechnung der linken und rechten Eigenvektoren $\{\bar{E}^{i}\}$ und $\{E^{i}\}$ sowie der zugehörigen Anregungsenergien für die gewünschten Zustände. Die partitionierten Eigenwertgleichungen sind dabei nicht mehr linear, weshalb ein spezieller Algorithmus [40] zur Lösung dieser Gleichungen verwendet wird:

    Nach einer Voroptimierung auf CCS-Niveau wird das rechte Eigenwertproblem mittels eines semilinearen Algorithmus gelöst. Dabei wird der in die effektive Jacobimatrix (3.5) eingehende Eigenwert ω festgehalten, wodurch die Eigenwertgleichungen wieder eine lineare Form erhalten. Überschreitet nach einigen Iterationen die Abweichung des alten und des neuen Eigenwertes einen gewissen Schwellwert, so wird für die nächsten Iterationen der neue Eigenwert verwendet. Nach dem Erreichen einer bestimmten Residualnorm wird der Eigenwert dann mit Hilfe eines DIIS-beschleunigten Algorithmus bis zur gewünschten Genauigkeit optimiert. Der so erhaltene rechte Eigenvektor wird dann als Startvektor für die Lösung des linken Eigenwertproblems verwendet.

- Aufstellen der Antwortgleichung (2.19) für alle Paare von Zuständen: $-\bar{E}^i(-\omega_i)\mathbf{B}E^f(\omega_f)$ und $-\bar{E}^f(-\omega_f)\mathbf{B}E^i(\omega_i)$.

- Bestimmung der Lagrangeschen Multiplikatoren $\bar{N}^{if}$ und $\bar{N}^{fi}$ für alle Paare von Zuständen.

- Berechnung der Dichten $D^\xi(\bar{N}^{if})$, $D^\xi(\bar{N}^{fi})$ und $D^A(\bar{E}^i, E^f)$, $D^A(\bar{E}^f, E^i)$.

- Berechnung der Übergangsmomente für jeden Operator mittels Gl. (3.20) oder Speichern der Übergangsdichte zur weiteren Verwendung.

3.4. Spinadaptierung der Übergangsdichte

Für Übergänge zwischen Zuständen gleicher Multiplizität ist die Übergangsdichte singulett-adaptiert, während Übergänge zwischen Zuständen unterschiedlicher Multiplizität triplett-adaptierte Übergangsdichten erfordern. Diese benötigt man zur Berechnung von Spin-Bahn-Matrixelementen, welche wiederum in die Berechnung von *Inter-System Crossing* Raten eingehen (siehe Kap. 2.5.2).

Die CC2-Übergangsdichte setzt sich nach Gleichung (3.20) aus zwei Einelektronendichten zusammen. Um eine Berechnung von Übergängen zwischen angeregten Zuständen verschiedener Multiplizität zu ermöglichen, musste der Algorithmus auf die Berechnung der zugehörigen triplett-adaptierten Dichten erweitert werden. Für CC2 haben die vier Blöcke der Dichte D^A in Spinorbitalnotation für beliebige rechte und linke Vektoren R und L die Form[10] [95]

$$^{CC2}D^A_{ij}(L,R) = -\sum_a L_{aj}R_{ai} - \sum_{abk} L^{ab}_{jk}R^{ab}_{ik} \qquad (3.21)$$

$$^{CC2}D^A_{ia}(L,R) = \sum_{jb} R^{ab}_{ij}L_{bj} - \sum_b \left(\sum_{kjc} L^{bc}_{kj}t^{ac}_{kj}\right)R_{bi} - \sum_j \left(\sum_{cbk} L^{cb}_{jk}t^{cb}_{ik}\right)R_{aj} \qquad (3.22)$$

$$^{CC2}D^A_{ai}(L,R) = 0 \qquad (3.23)$$

$$^{CC2}D^A_{ab}(L,R) = \sum_i L_{ai}R_{bi} + \sum_{ijc} L^{ac}_{ij}R^{bc}_{ij}. \qquad (3.24)$$

Da im Falle von CC2 zur Bestimmung der Übergangsmomente immer das rechte und das linke Übergangsmoment berechnet werden müssen, benötigt man die A-Dichten sowohl für triplett-adaptierte

---
[10]Für Übergangsmomente zwischen angeregten Zuständen sind L und R die linken und rechten Eigenvektoren der Jacobimatrix, $\bar{E}$ und E.

3. Implementierung

linke Vektoren in Kombination mit singulett-adaptierten rechten Vektoren als auch für den umgekehrten Fall.

Für singulett-adaptierte L- und triplett-adaptierte R-Vektoren erhält man

$$^{CC2}D^A_{ij}(\,^1L,\,^3R) = -\sum_a {}^1L_{aj}\,^3R_{ai} - \sum_{abk} {}^1L^{ab}_{jk}\,^3R^{ab}_{ik} \tag{3.25}$$

$$^{CC2}D^A_{ia}(\,^1L,\,^3R) = \sum_{jb} {}^3R^{ab}_{ij}\,^1L_{bj} - \sum_b \left(\sum_{kjc} {}^1L^{bc}_{kj}t^{ac}_{kj}\right){}^3R_{bi} - \sum_j \left(\sum_{cbk} {}^1L^{cb}_{jk}t^{cb}_{ik}\right){}^3R_{aj} \tag{3.26}$$

$$^{CC2}D^A_{ai}(\,^1L,\,^3R) = 0 \tag{3.27}$$

$$^{CC2}D^A_{ab}(\,^1L,\,^3R) = \sum_i {}^1L_{ai}\,^3R_{bi} + \sum_{ijc} {}^1L^{ac}_{ij}\,^3R^{bc}_{ij}. \tag{3.28}$$

Im umgekehrten Fall erhält man die gleichen Formeln nur mit vertauschter Multiplizität der rechten und linken Vektoren. Explizite Ausdrücke für die singulett- und triplett-adaptierten linken und rechten Antwortamplituden $^{1,3}L^{ab}_{ij}$ und $^{1,3}R^{ab}_{ij}$ sind in Tabelle B.6 aufgeführt.

Zur Berechnung der Übergangsmomente mit ADC(2) muss man die CC2-A-Dichte lediglich symmetrisieren

$$^{ADC(2)}D^A_{ai}(L,R) = {}^{ADC(2)}D^A_{ia}(R,L) = \frac{1}{2}{}^{CC2}D^A_{ia}(R,L). \tag{3.29}$$

Da für ADC(2) der Beitrag des Lagrangeschen Multiplikator $\bar{N}$ und damit die zugehörige ξ-Dichte nicht auftritt, ist der obige Ausdruck die gesamte Übergangsdichte für ADC(2).

Für CC2 benötigt man zusätzlich zur Dichte $D^A(L,R)$ auch die Einelektronendichte $D^\xi(L)$ mit dem Lagrangeschen Multiplikator $\bar{N}$ (vgl. Gl. (3.20)).[11] Nach Spinsummation erhält man für die vier Blöcke der Dichtematrix

$$D^\xi_{ij}(\,^3L) = -\sum_{abk} {}^3L^{ab}_{jk}t^{ab}_{ik} \tag{3.30}$$

$$D^\xi_{ia}(\,^3L) = \sum_{jb} t^{ab}_{ij}\,^3L^b_j \tag{3.31}$$

$$D^\xi_{ai}(\,^3L) = {}^3L^a_i \tag{3.32}$$

$$D^\xi_{ab}(\,^3L) = \sum_{ijc} {}^3L^{ac}_{ij}t^{bc}_{ij}. \tag{3.33}$$

Da für die Übergangsmomente zwischen angeregten Zuständen der Lagrangesche Multiplikator $\bar{N}$ die Multiplizität des direkten Produktes der beiden Zustände hat, ist dieser für Singulett–Triplett-Übergänge immer triplett-adaptiert. Die triplett-adaptierte ξ-Dichte hat also sowohl für das linke als auch für das rechte Übergangsmoment die obige Form.

---

[11] Da diese Dichte für ADC(2) nicht benötigt wird, wird im Folgenden zu Gunsten der besseren Lesbarkeit auf den oberen Index $CC2$ verzichtet.

3.5. Berechnung von Matrixelementen des Spin-Bahn-Operators

Da in der aktuellen TURBOMOLE-Version keine Einelektronen-Spin-Bahn-Integrale implementiert sind, wurde die Berechnung der Matrixelemente des Spin-Bahn-Operators (SOMEs) als Interface zwischen TURBOMOLE [96] und dem ORCA Quantenchemie-Programm [99] implementiert. Um die Effizienz von TURBOMOLE bezüglich der Berechnung der Zweielektronenintegrale großer Moleküle auszunutzen, wird die SCF-Dichte in eine Datei (enthält Geometrie, Basissatz und MO-Koeffizienten) exportiert. Dazu müssen die Basissatzparameter (Exponenten, Kontraktionskoeffizienten) und die Orbitalenergien zuerst von der TURBOMOLE-internen Reihenfolge auf die für ORCA nötige Reihenfolge umsortiert werden.

Das Programm ORCA wird dann verwendet, um diese Datei einzulesen und die Spin-Bahn-Integrale mit Hilfe des in Kapitel 2.4.2 vorgestellten Spin-Bahn-*Mean-Field*-Operators zu berechnen. Dabei stehen verschiedene zusätzliche Approximationen zur Verfügung, auf die in Kapitel 4.3 genauer eingegangen wird.

Die Spin-Bahn-Integrale werden dann wiederum in das RICC2-Modul [38,40] von TURBOMOLE importiert, wobei die Integrale wieder entsprechend der TURBOMOLE-spezifischen Basissatz-Ordnung sortiert und von Wellenzahlen in atomare Einheiten umgerechnet werden müssen. Außerdem muss die von ORCA ausgegebene Dreiecksmatrix wieder auf die volle Matrix expandiert werden.[12]

In einem letzten Schritt können nun die Spin-Bahn-Integrale mit der (triplett-adaptierten) Übergangsdichte kontrahiert werden, um die SOMEs zu erhalten.

---

[12]Hierbei ist vor allem auf das Vorzeichen der Elemente aufgrund der Antisymmetrie der Spin-Bahn-Integrale und den Faktor von $\frac{1}{2}$ zu achten.

4. Benchmark-Rechnungen

4.1. Genauigkeit von RI-CC2 Übergangsdipolmomenten

4.1.1. Konventionelles CC2 und RI-CC2

Die Verwendung der RI-Näherung [35, 36, 97] erfordert die Einführung zusätzlicher Basissätze, sogenannter Auxiliarbasissätze. Benutzt man optimierte Auxiliarbasissätze, so können diese klein gewählt werden, ohne dadurch einen großen Fehler zu erzeugen [98, 100, 101]. Wie in mehreren Veröffentlichungen gezeigt wurde ist die Abweichung zwischen RI-CC2 und konventionellem CC2 (RI-Fehler) typischerweise eine Größenordnung kleiner als der Basissatzfehler [38, 39, 101, 102]. Des Weiteren verhält sich der RI-Fehler konsistent auf der gesamten Potentialhyperfläche und erzeugt daher keine Diskontinuitäten [98].

Obwohl die Auxiliarbasissätze für MP2-Grundzustandsenergien optimiert wurden, hat sich an Hand eines großen Testsatzes von Molekülen und Übergängen gezeigt [38], dass sie sich auch zur Berechnung von Anregungsenergien, Oszillatorstärken (aus dem Grundzustand) und Erster-Ordnungs-Eigenschaften eignen. So ist auch für die Übergangsmomente zwischen angeregten Zuständen kein großer RI-Fehler zu erwarten, weshalb der hier verwendete kleinere Testsatz ausreichend sein sollte.

In Tabelle 4.1 ist eine statistische Auswertung des RI-Fehlers separat für die Übergangsdipolmomente und die Oszillatorstärken für den Testsatz von 76 Übergängen dargestellt. Der RI-Fehler ist sowohl für die Übergangsmomente als auch für die Oszillatorstärken sehr klein. Die maximale Abweichung innerhalb der 17 stärksten Übergänge tritt für H_2CS auf ($2^1B_2 \leftarrow 1^1A_2$) und ist kleiner als 0.26% (für Details siehe auch Tabellen C.2 und C.3). Der mittlere absolute Fehler (MAF) der RI-Näherung beträgt für die 76 Übergänge 0.04% für die Übergangsdipolmomente und 0.06% für die Oszillatorstärken.

4.1.2. Vergleich von CC2 mit CCS und CCSD

Implementierungen zur Berechnung von Übergangsmomenten zwischen angeregten Singulettzuständen mittels LR-CC existieren zur Zeit nur für die Methoden CCS, CC2 und CCSD. Da diese Methoden einen steigenden Rechenaufwand mit sich bringen, wird im Folgenden untersucht, inwieweit die Ergebnisse der ungenaueren (aber weniger rechenaufwändigen) Methoden von denen der CCSD-Methode abweichen.

Für den gesamten Testsatz von 40 Übergängen beträgt die absolute Abweichung von CC2 gegenüber CCSD durchschnittlich 0.14 D (11.6%) für die Übergangsmomente bzw. 0.007 (23.6%) für die Oszillatorstärken (siehe Tabelle 4.2). Die durchschnittliche Abweichung beträgt +0.05 D (+3%) und weist darauf hin, dass CC2 die Übergangsmomente verglichen mit CCSD etwas überschätzt. CC2 schneidet dabei wesentlich besser ab als CCS, der Fehler reduziert sich von 29% auf 12%. Innerhalb

4. Benchmark-Rechnungen

Tabelle 4.1 – Mittlerer Fehler[a] (MF), mittlerer absoluter Fehler (MAF), Standardabweichung und Maximalabweichung für die Übergangsmomente und Oszillatorstärken der 76 Übergänge des Testsatzes für die Basissätze aug-cc-pVDZ und aug-cc-pVTZ. Die zweite und die vierte Spalte beinhalten das durchschnittliche ($\varnothing$) Übergangsmoment in Debye und die durchschnittliche ($\varnothing$) Oszillatorstärke um dem Leser die Größenordnung dieser Eigenschaften zu verdeutlichen.

Basis / Fehler	$\varnothing$-Übergangsmoment CC2	Abweichung RI-CC2	$\varnothing$-Oszillatorstärke CC2	Abweichung RI-CC2
aug-cc-pVDZ	0.456		0.0344	
MF		$-4.46 \cdot 10^{-5}$		$-1.31 \cdot 10^{-5}$
MAF		$2.85 \cdot 10^{-4}$		$2.47 \cdot 10^{-5}$
Std. Abw.		$4.38 \cdot 10^{-4}$		$7.87 \cdot 10^{-5}$
Max. Abw.		$2.86 \cdot 10^{-3}$		$6.34 \cdot 10^{-4}$
aug-cc-pVTZ	0.457		0.0326	
MF		$-1.65 \cdot 10^{-5}$		$-3.07 \cdot 10^{-5}$
MAF		$2.19 \cdot 10^{-4}$		$4.01 \cdot 10^{-5}$
Std. Abw.		$3.42 \cdot 10^{-4}$		$1.93 \cdot 10^{-4}$
Max. Abw.		$1.51 \cdot 10^{-3}$		$1.64 \cdot 10^{-3}$

[a]Der Fehler bezieht sich auf die Abweichung zwischen RI-CC2 und konventionellem CC2.

unseres Testsatzes ist die Übereinstimmung bei den Übergangsmomenten im Allgemeinen besser als bei den Oszillatorstärken, was auf eine stärkere Abweichung in den Anregungsenergien zurückgeführt werden kann.

Bei genauerer Betrachtung der 17 stärksten Übergänge liegt die Abweichung von CC2 bezüglich CCSD zwischen 1% und 14% für die Übergangsmomente und zwischen 5% und 20% für die Oszillatorstärken (Details siehe Tabellen C.2 und C.3). Ein Ausreißer ist der $4^1\Pi \leftarrow 1^1\Pi$ Übergang von CO mit etwa 26% beziehungsweise 60%.

Zusammenfassend lässt sich sagen, dass CC2-Übergangsmomente eine recht gute Übereinstimmung mit den CCSD-Ergebnissen zeigen. Aufgrund der erheblich reduzierten Rechenzeit von CC2 verglichen mit CCSD sind die CC2-Übergangsmomente eine gute Alternative zu CCSD-Übergangsmomenten, vor allem für große Systeme. CCS zeigt allerdings starke Abweichungen zu CCSD, weshalb die CCS-Übergangsmomente wenig zuverlässig erscheinen.

4.1.3. Basissatzvergleich

Es hat sich gezeigt, dass für Triple-Zeta-Basissätze in Kombination mit Methoden zweiter Ordnung der Basissatzfehler und der Fehler der Methode ausgewogen sind, weshalb diese häufig zusammen

Tabelle 4.2 – Mittlerer Fehler (MF), mittlerer absoluter Fehler (MAF) und Standardabweichung für die CC2 und CCS Ergebnisse im Vergleich mit CCSD für die Übergangsmomente und Oszillatorstärken des Testsatzes (40 Übergänge) mit der aug-cc-pVDZ-Basis. Die Übergangsmomente sind in Debye angegeben. Die mit '%' beschrifteten Spalten enthalten die durchschnittliche relative Abweichung aller Übergänge.

		Abweichung			
	CCSD	CC2	%	CCS	%
		Übergangsmomente			
MF	1.88	0.05	0.3	-0.13	-14.0
MAF		0.14	11.6	0.29	28.9
Std. Abw.		0.17	15.6	0.38	37.7
		Oszillatorenstärken			
MF	0.060	0.003	4.2	-0.003	-6.5
MAF		0.007	23.6	0.014	46.1
Std. Abw.		0.012	34.0	0.021	67.0

zum Einsatz kommen. Double-Zeta-Basissätze werden hingegen oft für größere Systeme herangezogen, bei welchen eine Rechnung mit einer Triple-Zeta-Basis nicht mehr durchführbar wäre. Da für viele Moleküle auch sehr diffuse Basisfunktionen zur korrekten Beschreibung angeregter Zustände benötigt werden, wird im Folgenden die Abweichung der Ergebnisse von Rechnungen mit verschiedenen augmentierten Double- und Triple-Zeta-Basissätzen (cc-pVDZ, aug-cc-pVDZ, daug-cc-pVDZ sowie cc-pVTZ, aug-cc-pVTZ und daug-cc-pVTZ) von einer Referenzrechnung mit der großen daug-cc-pV5Z-Basis bestimmt. Eine eindeutige Zuordnung der Zustände ist dabei nur für 13 Übergänge unseres Testsatzes möglich.

Für eine exakte Beschreibung angeregter Zuständen in kleinen Molekülen sind diffuse Basisfunktionen sehr wichtig. Daher findet man eine Abweichung der nicht-augmentierten zu den augmentierten Basissätzen von 0.2 D bei den Übergangsmomenten und 0.01 bei den Oszillatorstärken (siehe Tabelle 4.3). Beide Eigenschaften werden dabei von den nicht-augmentierten Basissätzen deutlich unterschätzt. Die Abweichung zwischen ein- und zweifach augmentierten Basissätzen ist etwas geringer. Zwischen Basissätzen gleicher Augmentierungsstufe sind die Abweichungen sehr gering (0.01-0.04 D für Übergangsmomente und 0.002-0.004 für Oszillatorstärken).

Die Abweichung hängt für diesen Testsatz stark von der Anzahl diffuser Basisfunktionen (Augmentierung) ab und wesentlich weniger von der Kardinalzahl des verwendeten Basissatzes.

4.2. Transiente Spektren kondensierter aromatischer Systeme

Im Folgenden sollen nun einige mit der in Kapitel 3 beschriebenen Implementierung erhaltene Ergebnisse vorgestellt werden. In Abschnitt 4.2.1 werden die Singulett–Singulett- und Triplett–Triplett-

4. Benchmark-Rechnungen

Tabelle 4.3 – Vergleich der Ergebnisse von Rechnungen mit sechs verschiedenen Dunning-Basissätzen für die Übergangsmomente und Oszillatorstärken. Die Tabelle zeigt den mittleren Fehler (MF), den mittleren absoluten Fehler (MAF) sowie die Standardabweichung zum Ergebnis der daug-cc-pV5Z Basis für 13 Übergänge des Testsatzes. Die Baissätze wurden durch weglassen der Bezeichnung 'cc-p' und das Kürzen von 'aug' zu 'a' abgekürzt.

	daVTZ	aVTZ	VTZ	daVDZ	aVDZ	VDZ
	Übergangsmomente / Debye					
MF	0.02	-0.13	-0.34	-0.01	-0.16	-0.40
MAF	0.05	0.25	0.49	0.07	0.29	0.48
Std. Abw.	0.09	0.63	0.92	0.15	0.71	0.95
	Oszillatorstärken					
MF	0.001	-0.002	-0.014	-0.001	-0.001	-0.014
MAF	0.001	0.009	0.018	0.005	0.011	0.020
Std. Abw.	0.003	0.021	0.039	0.009	0.022	0.047

Spektren von Benzol diskutiert. Anschließend werden in Abschnitt 4.2.2 die Anregungsspektren von Perylendiimid vorgestellt, wobei hierbei näher auf die CC2-spezifische Schwäche bezüglich Doppelanregungen eingegangen wird. Im letzten Abschnitt dieses Kapitels (4.2.3) werden die Triplett-Übergänge der Polyacene Naphthalin bis Pentacen analysiert.

4.2.1. Singulett- und Triplettübergänge von Benzol

Aufgrund seiner geringen Größe und des aromatischen π-Elektronensystem wurde Benzol sowohl theoretisch als auch experimentell gut untersucht. So wurden zum Beispiel die für die vorliegende Arbeit wichtigen transienten Absorptionsspektren sowohl für Singulett–Singulett- als auch für Triplett–Triplett-Anregungen gemessen [103–107]. Damit eignet sich Benzol hervorragend für die Einordnung der CC2-Übergangsmomente im Vergleich zu experimentellen Ergebnissen.

Alle Rechnungen wurden mit der Dunningschen aug-cc-pVTZ-Basis durchgeführt. Zur Beschreibung der Rydbergzustände wurde ein Satz von Rydberg-Basisfunktionen in den Schwerpunkt des Moleküls (*Center of Mass*, CM) gesetzt. Dieser Satz besteht aus je acht Gaußfunktionen für die Drehimpulsquantenzahl $l = 0, 1, 2$ (s, p, d), deren Exponenten von Kaufmann et al. [108] vorgeschlagen wurden. Im Folgenden wird diese Basis als CM8 bezeichnet. Als Auxiliarbasis wurde die optimierte aug-cc-pVTZ-Auxiliarbasis verwendet. Die Geometrieoptimierung erfolgte ohne die CM8-Funktionen auf CC2/aug-cc-pVTZ-Niveau.

Für den niedrigsten angeregten Singulettzustand S_1 von Benzol weisen sowohl Experimente als auch theoretische Studien auf eine D_{6h}-symmetrische Struktur hin [109]. CC2/aug-cc-pVTZ sagt für den C–C-Gleichgewichtsabstand eine Verlängerung um 0.036 Å im Vergleich zum Grundzustand (d. h. von 1.395 Å auf 1.431 Å) voraus, was sehr ähnlich zum Ergebnis einer Optimierung

4.2. Transiente Spektren kondensierter aromatischer Systeme

Tabelle 4.4 – $S_n \leftarrow S_1$-Übergänge von Benzol. Mit CC2/aug-cc-pVTZ berechnete vertikale Anregungen aus dem relaxierten S_1-Zustand.

Zustand	ΔE / eV			Oszillatorstärke $f(S_n \leftarrow S_1)$		
	CM8[a]	Ohne CM8[b]	Exp.	CM8[a]	Ohne CM8[b]	Exp.
$1^1B_{1g} \leftarrow 1^1B_{2u}$	2.31	2.39	2.2[c]	0.01	0.01	(0.003[c])
$1^1E_{2g} \leftarrow 1^1B_{2u}$	2.50			0.01		
$2^1E_{2g} \leftarrow 1^1B_{2u}$	3.04	3.22	3.1[de]	0.00	0.02	0.02[d] / 0.04[e]

[a]Dunningscher aug-cc-pVTZ Basissatz erweitert mit $8s8p8d$ Funktionen aus Lit. 108 im Schwerpunkt des Moleküls.
[b] Dunningsche aug-cc-pVTZ Basis ohne Rydberg-Funktionen.
[c]Transiente Absorption in der Gasphase [103], in deren Arbeit zum vibronisch erlaubten $1^1E_{1u} \leftarrow 1^1B_{2u}$ Übergang zugeordnet.
[d]Transiente Absorption in der Gasphase [103].
[e]Transiente Absorption in Cyclohexan [104].

auf CC2/TZ2P-Niveau [109] ist. Rechnungen auf CCSD/TZ2P Niveau sagen mit 3.3 pm eine etwas geringere Verlängerung voraus [109]. Die adiabatische Anregungsenergie beträgt 5.06 eV für CC2/aug-cc-pVTZ [109]. Unter Berücksichtigung von Nullpunktsschwingungseffekten erhält man eine Abschätzung von 4.92 eV für den 0-0-Übergang [110], man liegt somit 0.2 eV über dem experimentellen Wert von 4.72 eV [111]. Der S_1-Zustand ist ein reiner Valenzzustand, die Verwendung der CM8-Funktionen hat keinen signifikanten Einfluss auf seine Eigenschaften.

Im Folgenden werden vertikale Anregungen aus dem S_1-Zustand betrachtet, das heißt alle Berechnungen wurden mit der optimierten (relaxierten) S_1-CC2/aug-cc-pVTZ-Geometrie durchgeführt. Die elektronische Wellenfunktion des S_1-Zustandes transformiert wie die irreduzible Darstellung B_{2u} von D_{6h}. Die erlaubten optischen Übergänge können folglich zu B_{1g}- und E_{2g}-Zuständen erfolgen.

Die Berechnungen sagen zwei potentiell erlaubte Übergänge zu Valenzzustände bei 2.31 eV (1^1B_{1g}) und 3.04 eV (2^1E_{2g}) oberhalb von S_1 voraus (siehe Tabelle 4.4). Zusätzlich findet man einen Übergang zu einem Rydberg-Zustand bei 2.50 eV (1^1E_{2g}). An dieser Stelle ist anzumerken, dass die CC2-Beschreibung des Valenz-E_{2g}-Zustandes durch einen starken Doppelanregungsbeitrag erschwert wird und dadurch die berechnete Anregungsenergie verglichen mit CC3 um ca. 0.6 eV zu hoch ist [112, 113]. Dieser Effekt wird teilweise dadurch kompensiert, dass auch der S_1-Zustand um ca. 0.2 eV höher liegt als mit CC3 [112,113], weshalb die Anregungsenergie für den $2^1E_{2g} \leftarrow 1^1B_{2u}$-Übergang von CC2 um 0.3 bis 0.5 eV überschätzt wird. Des Weiteren ist zu erwähnen, dass der experimentelle Wert von 7.8 eV, der oft dem 2^1E_{2g}-Zustand zugeordnet wird, nicht die vertikale Anregungsenergie von S_0 ist, sondern die Summe aus der $S_{1,0} \leftarrow S_{0,0}$-Anregungsenergie und dem Energiemaximum des $2^1E_{2g} \leftarrow S_1$-Überganges, welcher im transienten Spektrum beobachtet wird (vgl. Lit. 104).

Der erste symmetrieerlaubte Übergang ist $1^1B_{1g} \leftarrow 1^1B_{2u}$. Der 1^1B_{1g}-Zustand hat eine Anregungsenergie von 2.31 eV aus dem S_1-Zustand für die Rechnung mit CM8-Funktionen und von 2.39 eV

4. Benchmark-Rechnungen

ohne die Rydbergbasis, was auf einen starken Valenzcharakter schließen lässt. Allerdings wurde dieser Zustand von Christiansen et al. [113] als Rydberg-$\pi\sigma^*$-Zustand charakterisiert. Die nähere Betrachtung der Anregungsbeiträge zeigt zwei gleich starke Anteile; einen valenzartigen $\sigma\pi^*$-Beitrag und einen Rydberg-artigen $\pi\sigma^*$-Beitrag. Die Oszillatorstärke für diesen Übergang beträgt 0.01, im experimentellen Spektrum wird er allerdings nicht beobachtet [103, 104].

In Lit. 103 wird dem $1^1E_{2g} \leftarrow 1^1B_{2u}$-Übergang eine Anregungsenergie von 3.1 eV zugeordnet. Da dieser Übergang aber sowohl in der Gasphase als auch in Lösung beobachtet wird, was auf einen valenzartig angeregten Zustand schließen lässt, kann dieser Übergang wahrscheinlich dem $2^1E_{2g} \leftarrow 1^1B_{2u}$-Übergang aus unserer Rechnung zugeordnet werden. Die Oszillatorstärke von 0.02 vergleicht sich gut mit den experimentellen Befunden von 0.02 (Gasphase) [103] bzw. 0.04 (in Cyclohexan) [104].

Über den niedrigsten Triplettzustand von Benzol ist nicht viel bekannt. CASSCF-Rechnungen mit dem kleinen 6-31G-Basissatz sagen einen Pseudo-Jahn-Teller-Effekt voraus, der zu einer chinoiden D_{2h}-symmetrischen Struktur führt [114]. Mit CC2/aug-cc-pVTZ wird dies bestätigt: Die D_{6h}-symmetrische Struktur (elektronischer Zustand $^1B_{1u}$), die man aus einer beschränkten Optimierung erhält hat eine imaginäre e_{2g}-Schwingungsmode. Eine Reduzierung der Symmetrie führt zu einer D_{2h}-symmetrischen Geometrie, entweder einer chinoiden Struktur mit zwei kurzen und vier langen Bindungen oder einer anti-chinoiden Struktur mit zwei langen und vier kurzen Bindungen. Letztere stellt sich aber als Übergangszustand zwischen zwei äquivalenten chinoiden Strukturen heraus. Interessanter Weise ist die durchschnittliche Bindungslänge in allen Fällen nahezu identisch ($\sim$1.43 Å) und entspricht der Bindungslänge im S_1-Zustand. Wie in Lit. 114 finden auch wir nur eine geringe Absenkung der Energie für die gestörten Strukturen. Inklusive Nullpunktsschwingungseffekten beträgt der Unterschied zwischen allen drei hier diskutierten Strukturen weniger als 0.02 eV, was auf eine dynamische Verzerrung des Moleküls hinweist. Deshalb werden die weiteren Untersuchungen mit der D_{6h}-Struktur durchgeführt, was für die hier untersuchten Fragestellungen ausreichend sein sollte.

Die $T_1 \leftarrow S_0$-Energiedifferenz beträgt 4.40 eV an der relaxierten Geometrie des T_1-Zustands. Es werden Übergänge zu den Zuständen 1^3B_{2g}, 1^3E_{2g} und 2^3E_{2g} vorhergesagt (siehe Tab. 4.5 und Abb. 4.2). Experimentelle Werte aus Nanosekunden-Laser-Photolyse-Untersuchungen in Lösung [104] zeigen einen Übergang bei 2.90 eV und eine breite Bande bei 3.5-4.0 eV über dem ersten Triplettzustand. Diese Übergänge können jeweils dem $1^3B_{2g} \leftarrow 1^3B_{1u}$- und dem $2^3E_{2g} \leftarrow 1^3B_{1u}$-Übergang zugeordnet werden. Der $1^3E_{2g} \leftarrow 1^3B_{1u}$-Übergang hat Rydbergcharakter und wird daher in Lösung nicht beobachtet. Die experimentellen Oszillatorstärken liegen nicht vor.

4.2.2. Singulett- und Triplett-Übergänge von PDI

Perylendiimid (PDI) ist ein Chromophor aus vier kondensierten Sechsringen und zwei Diimidgruppen (siehe Abb. 4.1), und ist vor allem wegen seiner guten Photostabilität in Kombination mit einer hohen

4.2. Transiente Spektren kondensierter aromatischer Systeme

Tabelle 4.5 – $T_n \leftarrow T_1$-Übergänge von Benzol. Mit CC2/aug-cc-pVTZ berechnete vertikale Anregungen aus dem relaxierten T_1-Zustand.

Übergang	ΔE / eV			Oszillatorstärke $f(T_n \leftarrow T_1)$	
	CM8[a]	Ohne CM8[b]	Exp.	CM8[a]	Ohne CM8[b]
$1^3B_{2g} \leftarrow 1^3B_{1u}$	3.18	3.26	2.9[c]	0.01	0.01
$1^3E_{2g} \leftarrow 1^3B_{1u}$	3.38			0.01	
$2^3E_{2g} \leftarrow 1^3B_{1u}$	3.65	3.63	(3.7[d]), 3.5-4.0[e]	0.00	0.02

[a]Dunningscher aug-cc-pVTZ Basissatz erweitert mit $8s8p8d$ Funktionen von Lit. 108 im Schwerpunkt des Moleküls.
[b]Dunningsche aug-cc-pVTZ Basis ohne Rydberg-Funktionen.
[c]Transiente Absorption in 3-Methylpentan/Methylcyclohexan (1:2) [105].
[d]Transiente Absorption in der Gasphase [106]; In deren Arbeit wurde diese Bande einem photochemisch gebildeten Molekül (Triplett-Biphenyl) zugeordnet.
[e]Breite Schulter im transienten Spektrum gemessen in Cyclohexan [104, 107].

Abbildung 4.1 – Strukturformel von Perylendiimid (PDI).

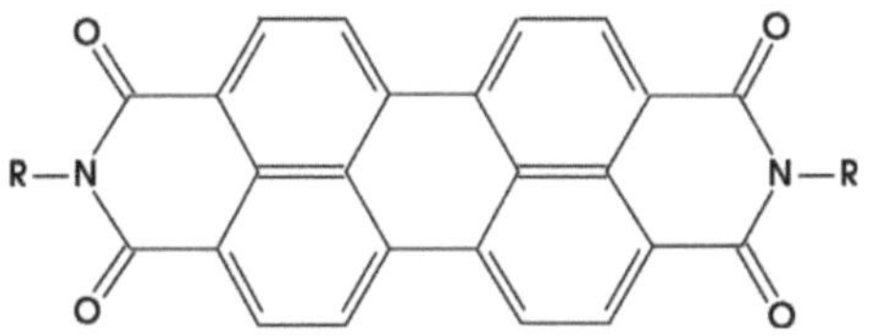

Fluoreszenzquantenausbeute für die Anwendung interessant. Aufgrund dieser Eigenschaften dient es im Experiment auch als Baustein für Modellsysteme für inter- und intramolekularen elektronischen Energietransfer (EET) [115]. Die Vorhersage von spektroskopischen Eigenschaften für Systeme dieser Größe stellt eine Herausforderung an die *ab initio* Methoden dar. Multireferenz-Methoden, wie CASPT2, sind problematisch, da aufgrund der vielen Elektronen im π-System und einigen freien Elektronenpaaren an Sauerstoff und Stickstoff ein physikalisch sinnvoller aktiver Raum für eine Berechnung viel zu groß ist. Dichtefunktionaltheorie mit Standardfunktionalen führt zu unphysikalisch niedrig liegenden *Charge-Transfer*-Zuständen [116–118]. Methoden wie CC2 und ADC(2) stellen daher zur Zeit den besten Kompromiss zwischen Genauigkeit und Rechenaufwand für dieses System dar (für technische Details zu den durchgeführten Rechnungen siehe Anhang C).

Ein grundlegendes Problem bleibt jedoch auch für die gerade genannten Methoden bestehen: Doppelt angeregte Konfigurationen werden durch diese Methoden nur sehr unzureichend beschrieben (dieses Problem betrifft auch die Dichtefunktionaltheorie [119]). Dies kann bei der Behandlung optischer Eigenschaften des Grundzustandes zu einem gewissen Grad in Kauf genommen werden, da hierbei die doppelanregungsdominierten Zustände in vielen Fällen bei hoher Energie liegen (Vaku-

4. Benchmark-Rechnungen

um UV, ~6.2 eV und höher). Des Weiteren haben Übergänge vom Grundzustand in diese Zustände extrem kleine Einelektronenübergangsmomente, weshalb deren Abwesenheit in den vorhergesagten Spektren bis zu einem gewissen Grad vernachlässigt werden kann. Hierbei sollte jedoch erwähnt werden, dass zum Beispiel in ausgedehnten π-Systemen energetisch niedrig liegende Konfigurationen des Typs $(LUMO)^2 \leftarrow (HOMO)^2$ auftreten können, welche durch Mischen mit anderen Übergängen gleicher Symmetrie das Spektrum signifikant beeinflussen können.

Ein anderes Bild bietet sich für die Spektren angeregter Zustände. Die Anregungen in doppelanregungsdominierte Zustände können sehr wohl im Bereich von sichtbarem Licht oder nahem UV liegen und die Übergänge in diese Zustände können symmetrieerlaubt sein. Im Folgenden wird nun die Situation für PDI untersucht, welches ein wichtiges Beispiel eines solchen Falls darstellt.

Für N,N'-Dimethyl-PDI sind in der Literatur transiente Absorptionsspektren und semi-empirisch berechnete Spektren (EOM-CCSD- und MRD-CI-Rechnungen mit dem INDO-Hamiltonoperator) zu finden [120]. Die Hauptanregungen sind die $\pi^* \leftarrow \pi$-Übergänge, welche durch semi-empirische Methoden problemlos beschrieben werden können. Zwischen CCSD basierend auf einem semi-empirischen Hamiltonoperator und *ab initio* CCSD besteht allerdings ein großer Unterschied. Im semi-empirischen Fall ist die dynamische Korrelation schon im semi-empirischen Hamiltonoperator enthalten, weshalb nur noch höhere Ordnungen von Korrelationseffekten berücksichtigt werden müssen. Dadurch werden Einfach- und Zweifachanregungen ungefähr mit der gleichen Genauigkeit beschrieben. In *ab initio* CCSD-Rechnungen hingegen werden diese nicht gleich behandelt: Man kann zeigen, dass die differenzielle Korrelation für die Einfachanregungen korrekt in zweiter Ordnung Störungstheorie ist, während die für die Zweifachanregungen nur bis zur ersten Ordnung korrekt ist [121].

Der S_1-Zustand hat B_{3u}-Symmetrie. Die Ergebnisse für die Singulett–Singulett-Anregungen stimmen mit beiden Basissätze bis auf wenige Details gut überein (siehe Tab. 4.6). Im Vergleich mit den semi-empirischen CCSD- und MRD-CI-Rechnungen [120] fällt jedoch auf, dass zwei energetisch niedrig liegende Zustände in der CC2-Rechnung nicht gefunden werden: Der erste und der dritte angeregte ^1A_g-Zustand ($1^1A_g, 3^1A_g$), wobei der der Übergang zum 3^1A_g-Zustand der stärkste des Spektrums ist. Eine Analyse der A_g-symmetrischen Anregungen mittels *state-averaged* MCSCF zeigt, dass zum Zustand 1^1A_g hauptsächlich eine $(HOMO)^2 \rightarrow (LUMO)^2$ Doppelanregung beiträgt, während der Zustand 3^1A_g mit $(HOMO-1)^2 \rightarrow (LUMO)^2$ und $(HOMO-2)^2 \rightarrow (LUMO)^2$ zwei große Beiträge hat. Der zweite angeregte Zustand in A_g-Symmetrie (2^1A_g) hat eindeutig Einfachanregungscharakter (HOMO$\rightarrow$LUMO+1) und wird von CC2 gut beschrieben.

Wie schon S_1 ist auch T_1 B_{3u}-symmetrisch. Die vier energetisch niedrigsten symmetrieerlaubten Übergänge für jede Symmetrieklasse sind in Tabelle 4.7 dargestellt. Bis jetzt wurden keine Berechnungen der PDI-Triplett–Triplett-Übergänge veröffentlicht. Um auch im Triplett-Fall nach doppelanregungsdominierten Konfigurationen zu suchen, wurden die gleichen MCSCF-Rechnungen wie

Tabelle 4.6 – $S_n \leftarrow S_1$-Übergänge von PDI. Mit CC2 berechnete vertikale Anregungen aus dem relaxierten S_1-Zustand (1^1B_{3u}) im Vergleich zur Literatur und dem Experiment. Die augmentierte Basis aug-cc-pVDZ ist hier mit a-cc-pVDZ abgekürzt.

Zustand	ΔE / eV			Oszillatorstärke $f(S_n \leftarrow S_1)$			
	a-cc-pVDZ	cc-pVTZ	Lit.[a]	a-cc-pVDZ	cc-pVTZ	Lit.[a]	Exp.[b]
1^1A_g			0.39			$< 10^{-2}$	
1^1B_{2g}	1.03	1.03		0.00	0.00		
1^1B_{1g}	1.04	1.01	0.87	0.00	0.00	$< 10^{-2}$	
2^1B_{1g}	1.11	1.09	0.94	0.09	0.09	$< 10^{-2}$	
2^1A_g	1.26	1.25	1.28	0.11	0.10	0.41	1.4
3^1B_{1g}	1.35	1.34	1.16	0.00	0.00	$< 10^{-2}$	
3^1A_g			1.94			0.85	1.8
4^1A_g	1.69	1.69	1.98	0.01	0.01	0.01	
4^1B_{1g}	1.79	1.82	1.78	0.01	0.01	$< 10^{-2}$	
2^1B_{2g}	2.81	2.79		0.00	0.00		
3^1B_{2g}	2.94	2.97		0.00	0.00		
4^1B_{2g}	3.07	3.48		0.01	0.00		

[a]Semi-empirische CCSD Rechnung mit dem INDO-Hamiltonoperator zu N,N'-Dimethyl-PDI [120]
[b]Transiente Absorption von N-N'-Dimethyl-PDI [120]

im Singulett-Fall durchgeführt. Dabei wurden keine signifikanten Beiträge von Doppelanregungen zu den energetisch niedrigsten angeregten Zuständen gefunden. Dieses Ergebnis ist durchaus nicht unerwartet, da die doppelanregungsdominierten Konfigurationen im Singulett-Fall *Closed-Shell*-Anregungen sind, für die kein Triplett-Pendant existiert.

Die Rechnungen lassen mit dem $3^3B_{1g} \leftarrow 1^3B_{3u}$-Übergang bei 2.3 eV (Oszillatorstärke 0.12) und dem noch stärkeren $2^3A_g \leftarrow 1^3B_{3u}$-Übergang bei 2.8 eV (Oszillatorstärke 1.00) zwei starke Übergänge im Bereich bis 4 eV erwarten. Alle anderen berechneten Übergänge haben sehr kleine Übergangsmomente.

PDI ist also ein Beispiel, für das die unzureichende Beschreibung von doppelt angeregten Zuständen mittels CC2 im Singulett–Singulett-Spektrum zu einem gravierenden Problem führt, da so der stärkste Übergang nicht im berechneten Spektrum enthalten ist. Für Triplett–Triplett-Spektren ist dieses Problem zwar ebenso vorhanden, allerdings sind die Auswirkungen weniger gravierend als im Singulett-Fall, da die energetisch niedrigsten Doppelt angeregten Zustände vom Typ (HOMO)^2 →(LUMO)^2 sind und daher im Triplett-Anregungsraum nicht auftreten. Daher werden im weiteren Verlauf dieser Arbeit vor allem Triplett-Spektren diskutiert.

4. Benchmark-Rechnungen

Tabelle 4.7 – $T_n \leftarrow T_1$-Übergänge von PDI. Mit CC2 berechnete vertikale Anregungen aus dem relaxierten T_1-Zustand (1^3B_{3u}).

Zustand	ΔE / eV		Oszillatorstärke $f(T_n \leftarrow T_1)$	
	aug-cc-pVDZ	cc-pVTZ	aug-cc-pVDZ	cc-pVTZ
1^3B_{1g}	1.68	1.67	0.00	0.00
1^3A_g	1.76	1.75	0.00	0.00
1^3B_{2g}	2.03	2.05	0.00	0.00
2^3B_{1g}	2.11	2.11	0.00	0.00
3^3B_{1g}	2.29	2.29	0.12	0.12
4^3B_{1g}	2.68	2.71	0.01	0.01
2^3A_g	2.76	2.78	1.01	1.00
2^3B_{2g}	3.78	3.79	0.00	0.00
3^3A_g	3.86	3.85	0.00	0.00
4^3A_g	3.96	3.96	0.00	0.00
3^3B_{2g}	3.96	4.00	0.00	0.00
4^3B_{2g}	4.15	4.57	0.01	0.00

4.2.3. Triplett–Triplett-Anregungen der Polyacene: Naphthalin bis Pentacen

In diesem Kapitel werden die transienten Triplett-Spektren der Polyacene diskutiert. Die spektroskopischen Eigenschaften dieser Verbindungen sind besonders in den letzten Jahren von wachsendem Interesse, da sie als organische Halbleiter für den Einsatz in organischen Leuchtdioden (OLEDs) oder organischen Solarzellen diskutiert werden [7]. Für Naphthalin, Anthracen und Tetracen wurden Triplett–Triplett-Absorptionsspektren in Lösung (Methanol/Ethanol) von Meyer, Astier und Leclerq [122] gemessen. Für Naphthalin wurden von Schreiber *et al.* [112] CASPT2-Rechnungen mit einer auf MP2/6-31G*-Niveau optimierten Grundzustandsgeometrie durchgeführt.

Alle Geometrieoptimierungen wurden auf die D_{2h}-Punktgruppe beschränkt (für technische Details siehe Anhang C). Wie im Falle des Benzols ist auch bei Naphthalin, Anthracen, Tetracen und Pentacen der erste Triplettzustand B_{2u}-symmetrisch (B_{2u} korreliert zur B_{1u}-Darstellung der D_{6h}-Punktgruppe im Fall von Benzol). Der $T_1 \leftarrow S_0$-Übergangsdipolvektor ist also entlang der kurzen Achse der Moleküle orientiert. Die vertikale $T_1 \leftarrow S_0$-Energiedifferenz bei der T_1-Geometrie beträgt 2.54, 2.00, 1.13 und 0.72 eV für die Reihe Naphthalin bis Pentacen, sinkt also mit wachsender Größe des π-Elektronensystems deutlich.

Für Naphthalin haben Schreiber *et al.* [112] vertikale $T_1 \leftarrow S_0$-Anregungsenergien bei der S_0-(MP2/6-31G*)-Geometrie berechnet. Sie erhalten als Anregungsenergien 3.20 eV für CASPT2/TZVP und 3.27 eV für CC2/TZVP. Diese Ergebnisse stimmen gut mit unserer CC2/aug-cc-pVTZ-Anregungsenergie von 3.26 eV bei der optimierten S_0-(MP2/TZVPP)-Geometrie überein.

Die in dieser Arbeit berechneten und die aus der Literatur vorhandenen experimentellen transien-

4.2. Transiente Spektren kondensierter aromatischer Systeme

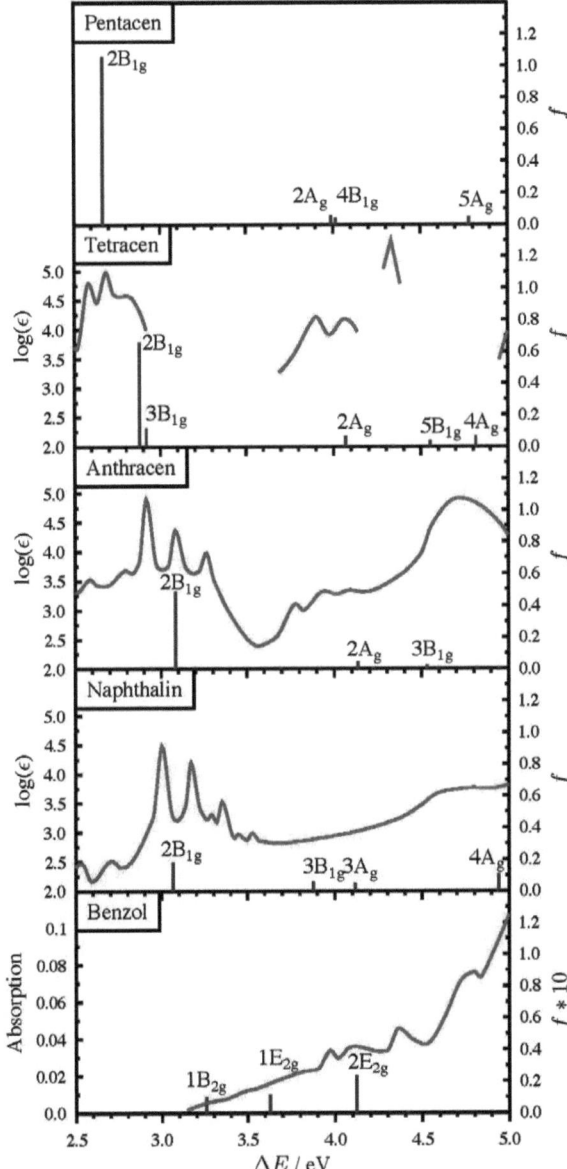

Abbildung 4.2 – Berechnete und experimentelle $T_n \leftarrow T_1$-Spektren der fünf Polyacene (Benzol bis Pentacen). Die experimentellen Spektren sind gegen die linke Y-Achse aufgetragen, die berechneten gegen die rechte. Zu beachten ist die unterschiedliche Skalierung im Falle von Benzol. Das experimentelle Absorptionsspektrum von Tetracen ist unvollständig, für Pentacen wurde kein experimentelles Spektrum gefunden. Die experimentellen Spektren wurden mittels der Daten aus den Lit. 104 und 122 dargestellt.

4. Benchmark-Rechnungen

ten $T_n \leftarrow T_1$-Spektren der Polyacene sind zusammenfassend in Abb. 4.2 dargestellt. Eine detaillierte Aufführung der Übergänge kann man den Tabellen C.4 bis C.7 entnehmen.

Der energetisch niedrigste genügend starke Übergang für Naphthalin bis Pentacen ist der $2^3B_{1g} \leftarrow 1^3B_{2u}$-Übergang mit einer jeweiligen vertikalen Anregungsenergie von 3.07, 3.08, 2.88 und 2.67 eV. Die zugehörigen Oszillatorstärken betragen 0.18, 0.48, 0.66 und 1.06. Die CASPT2-Anregungsenergie für Naphthalin bei der S_0-Geometrie ist mit 3.26 eV etwas höher als die von CC2, während die Oszillatorstärke mit 0.12 etwas geringer ist [112]. Im Experiment [122] sieht man starke Banden bei Anregungsenergien von 3.00, 2.92 und 2.68 eV (stärkster Übergang) für Naphthalin, Anthracen und Tetracen, diese liegen also nur ca. 0.2 eV unterhalb unserer berechneten Werte. Die zugehörigen Oszillatorstärken werden mit 0.12, 0.25 und 0.45 angegeben, dies entspricht ungefähr einem Drittel der CC2-Werte. Im Falle von Tetracen sieht man im Spektrum eine zweite Bande bei 2.58 eV mit einer Oszillatorstärke von 0.20. In diesem Energiebereich erwarten wir drei energetisch eng beieinander liegende Zustände, 2^3B_{1g}, 3^3B_{1g} und 1^3A_g. Diese Zustände können durch vibronische Kopplung zu einer breiten Bande mit sehr komplexer vibronischer Struktur führen. Eine eindeutige Zuordnung der Peaks des experimentellen Spektrums ist daher im Rahmen dieser Arbeit nicht möglich.

Man sieht aber, dass die generellen Trends (Absenkung der Anregungsenergie, Zunahme der Oszillatorstärke über die Reihe der Polyacene) von unserer Methode sehr gut reproduziert werden. Die Abweichung in den absoluten Zahlenwerten kann von der nicht eindeutigen Aufteilung der verschiedenen Banden im experimentellen Spektrum herrühren.

Im Gegensatz zum niedrigsten Triplett–Triplett-Übergang findet man für die höheren Anregungen keine offensichtlichen Gemeinsamkeiten zwischen den verschiedenen Molekülen.

Für Naphthalin erhalten wir drei weitere vergleichsweise starke Übergänge im Bereich bis 5 eV über T_1: den $3^3B_{1g} \leftarrow 1^3B_{2u}$-Übergang bei 3.88 eV mit einer Oszillatorstärke von 0.06 und zwei Übergänge zum dritten und vierten angeregten ^3A_g-Zustand bei 4.12 und 4.94 eV mit Oszillatorstärken von 0.05 und 0.10. Meyer et al. [122] erhalten Anregungsenergien von 3.10 und 4.50 eV für die beiden ^3A_g-Übergänge mit Oszillatorstärken von 0.01 und 0.13, was sehr gut mit den Berechnungen übereinstimmt. Die CASPT2-Anregungsenergien bei der S_0-Geometrie für den $3^3B_{1g} \leftarrow 1^3B_{2u}$- und den $3^3A_g \leftarrow 1^3B_{2u}$-Übergang betragen 3.45 eV und 3.55 eV [112]. Mit der Grundzustandsstruktur erhalten wir 3.48 eV und 3.57 eV und damit eine gute Übereinstimmung mit den CASPT2-Werten. Die zugehörigen Oszillatorstärken sowie der Übergang zum 4^3A_g-Zustand wurden von Schreiber et al. [112] nicht berechnet.

Im Fall von Anthracen finden wir zwei zusätzliche, eher schwache Übergänge zum 2^3A_g- und zum 3^3B_{1g}-Zustand bei 4.13 und 4.53 eV mit Oszillatorstärken von 0.04 und 0.02. Der $2^3A_g \leftarrow 1^3B_{2u}$-Übergang wird auch von Meyer et al. [122] beobachtet. Die Anregungsenergie beträgt dabei 3.77 eV, die Oszillatorstärke 0.03. Im Experiment sieht man jedoch noch eine weitere Bande bei 4.72 eV,

4.2. Transiente Spektren kondensierter aromatischer Systeme

welcher keine der von uns berechneten Anregungen zugeordnet werden kann. Hierbei könnte es sich um einen Übergang zu einem doppelanregungsdominierten Zustand handeln, welcher durch die CC2-Methode nur unzulänglich beschrieben wird (siehe Kap. 4.2.2).

Betrachtet man die Ergebnisse für Tetracen findet man den $3^3B_{1g} \leftarrow 1^3B_{2u}$-Übergang bei 2.92 eV, der damit nur 0.04 eV energetisch oberhalb des Übergangs zum 2^3B_{1g}-Zustand liegt. Die Oszillatorstärke ist mit 0.11 in etwa ein Sechstel so groß wie die des stärksten Übergangs. Zusätzlich sieht man zwei gleich starke Übergänge zum 2^3A_g- und zum 5^3A_g-Zustand bei 4.07 eV und 4.81 eV mit einer Oszillatorstärke von 0.06. Bei 4.55 eV erwarten wir den $5^3B_{1g} \leftarrow 1^3B_{2u}$ Übergang mit einer Oszillatorstärke von 0.03. Das experimentelle Spektrum von Tetracen enthält einige Lücken [122], welche wahrscheinlich von Interferenzen mit dem Lösungsmittel herrühren. Ähnlich wie bei Anthracen tritt auch im Falle von Tetracen eine starke Bande bei 4.34 eV im experimentellen Spektrum auf [122].

Pentacen hat drei zusätzliche Übergänge im Bereich bis 5.0 eV: Die Übergänge zu den Zuständen 2^3A_g und 5^3A_g bei 3.99 eV und 4.78 eV mit Oszillatorstärken von 0.06 und 0.05 sowie den $4^3B_{1g} \leftarrow 1^3B_{2u}$-Übergang bei 4.01 eV mit einer Oszillatorstärke von 0.04. Da für diese Verbindung kein experimentelles Spektrum vorliegt, kann keine Untersuchung der Genauigkeit dieser Rechnung im Vergleich zum Experiment erfolgen. Jedoch ist zu erwarten, dass diese in etwa der Genauigkeit der Ergebnisse der kleineren Polyacene entspricht.

4. Benchmark-Rechnungen

Abbildung 4.3 – Lewis-Strukturen von Thiophen und 1,2-Dithiin.

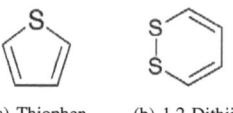

(a) Thiophen   (b) 1,2-Dithiin

4.3. Genauigkeit von Matrixelementen des Spin-Bahn-Operators

Als Test für das in Kapitel 3 beschriebene Interface zur Berechnung der Spin-Bahn-Matrixelemente (SOMEs) wurden die Spin-Bahn-Übergänge von Thiophen (siehe Abb. 4(a)) berechnet. Die Testrechnungen wurden dabei mit CC2 und ADC(2) durchgeführt und mit den Ergebnissen einer DFT/MRCI[13]-SPOCK[14]-Rechnung von Kleinschmidt, Tatchen und Marian [124] verglichen. Diese Methode basiert auf dem in Kapitel 2.4.2 beschriebenen *atomaren Mean-Field*-Ansatz, die Spin-Bahn-Integrale werden dabei mit dem AMFI-Programm von Schimmelpfennig [89] berechnet. Alle Berechnungen wurden mit der selben experimentellen Geometrie [125] wie in Lit. 124 durchgeführt.

Im Folgenden werden zuerst die verschiedenen Approximationen, die zur Berechnung der Spin-Bahn-Integrale zur Verfügung stehen, getestet, bevor die beiden Methoden CC2 und ADC(2) miteinander verglichen werden. Im Anschluss daran erfolgt dann der Vergleich mit den Ergebnissen der DFT/MRCI-SPOCK-Rechnungen.

4.3.1. Näherungen

Das Programmpaket ORCA [99] bietet verschiedene Approximationen zur Berechnung der Coulomb- und Austauschbeiträge zu den Spin-Bahn-Integralen an. Der Coulomb-Anteil kann numerisch, seminumerisch sowie analytisch (mit und ohne RI-Näherung) berechnet werden (für Details zu den Näherungen siehe Lit. 88), während für den Austauschbeitrag eine Einzentren-Näherung zusätzlich zur vollständigen analytischen Berechnung zur Verfügung steht. Der Einfachheit halber werden im Folgenden die vollständig analytischen Beiträge als *exakt* bezeichnet, da sie keine *weitere* Näherung beinhalten. Um einen Eindruck von der Genauigkeit dieser zusätzlichen Näherungen zu bekommen wurden die verschiedenen Beiträge zu den SOMEs von Thiophen mit den unterschiedlichen Möglichkeiten berechnet (Details der Ergebnisse siehe Tab. C.8 und C.9).

Den mit Abstand größten Beitrag leistet der Einelektronenteil (mit einigen Ausnahmen bei sehr kleinen Werten), welcher üblicherweise etwa zehn Mal so groß ist wie der Coulomb-Beitrag. Die Berechnung des Einelektronen-Beitrags ist mit einem nur sehr geringen Rechenaufwand verbunden und

---

[13]DFT/MRCI ist eine semi-empirische Methode, welche einen Großteil der dynamischen Elektronenkorrelation mit DFT beschreibt und statische Korrelationseffekte über kurze MRCI-Entwicklungen abdeckt [123].

[14]SPOCK ist ein Spin-Bahn-Kopplungsprogramm für MRCI-Wellenfunktionen [124].

4.3. Genauigkeit von Matrixelementen des Spin-Bahn-Operators

Tabelle 4.8 – Maximaler (MAX) und mittlerer absoluter (MAF) Fehler[a] der Spin-Bahn-Matrixelemente auf CC2/cc-pVDZ-Niveau in cm^{-1}. *Num.* steht für die numerische Berechnung der jeweiligen Beiträge zu den Spin-Bahn-Integralen, *Semi.* für die semi-numerische Berechnung und *RI* für die analytische Berechnung mit Hilfe der RI-Näherung der jeweiligen Beiträge. *Standard* bedeutet, dass der Coulomb-Beitrag semi-numerisch und der Austausch-Beitrag unter Anwendung der Einzentren-Näherung berechnet werden. Die Einzelergebnisse sind in den Tabellen C.8 bis C.13 aufgeführt.

Molekül	Fehler	Coulomb			Austausch	Gesamt	$\Delta\text{ADC}(2)^b$
		Num.	Semi.	RI	1-Zentr.	Standard	Standard
$S_0 \leftarrow T_n$							
Thiophen[c]	MAX	0.67	0.13	0.13	0.26	0.26	10.95
Thiophen	MAF	0.25	0.02	0.02	0.14	0.14	3.55
Dithiin[d]	MAX				0.32		
Dithiin	MAF				0.13		
$T_n \leftarrow S_m$							
Thiophen[e]	MAX	1.09	1.13	1.14	0.54	0.54	12.18
Thiophen	MAF	0.24	0.16	0.16	0.14	0.14	2.11
Dithiin[f]	MAX				0.58		
Dithiin	MAF				0.11		

[a] Abweichung der mit verschiedenen Näherungen berechneten Spin-Bahn-Matrixelementen von den vollständig analytisch berechneten.
[b] Abweichungen zu CC2.
[c] Auswertung über 9 Übergänge.
[d] Auswertung über 16 Übergänge.
[e] Auswertung über 24 Übergänge.
[f] Auswertung über 24 Übergänge.

wird daher immer analytisch durchgeführt, wohingegen die analytische Berechnung des Coulomb- und vor allem des Austausch-Beitrags zeitintensiv ist. Alle hier vorgestellten Näherungen zur exakten Berechnung dieser beiden Beiträge sind aber wenig rechenaufwändig. Zur Bestimmung der Genauigkeit der verschiedenen Näherungsverfahren wurden der durchschnittliche absolute Fehler[15] (MAF) sowie die maximale Abweichung (MAX) vom exakten Ergebnis berechnet (siehe Tab. 4.8). Dabei stellt sich heraus, dass die numerische Berechung des Coulomb-Anteils im Vergleich zur semi-numerischen Berechnung und der RI-Näherung einen vergleichsweise großen Fehler verursacht, vor allem für Übergänge aus dem beziehungsweise in den Grundzustand. Für Übergänge zwischen angeregten Zuständen sind die Näherungen für den Coulomb-Anteil deutlich weniger genau, was auch für die Einzentren-Näherung des Austausch-Beitrags zu beobachten ist. Jedoch ist die Abweichung des Coulomb- und des Austausch-Beitrags insgesamt eher gering (ca. 0.15 cm^{-1}), vor allem in Anbetracht der deutlichen Zeitersparnis unter Verwendung der Näherungen. So benötigt für Thiophen der *exakte*

---

[15] Abweichung der mit verschiedenen Näherungen berechneten Spin-Bahn-Matrixelementen von den vollständig analytisch berechneten.

4. Benchmark-Rechnungen

Coulomb-Anteil ca. 24 Minuten, während die Näherungen alle weniger als 20 Sekunden benötigen. Der Austausch-Beitrag benötigt mit der Einzentren-Näherung noch knapp fünf Sekunden, der volle Austausch hingegen knapp 140 Minuten.[16] Zu beachten ist jedoch, dass die numerische Berechnung des Coulomb-Beitrages aufgrund des recht großen Fehlers nicht verwendet werden sollte.

Um die Genauigkeit der Einzentren-Näherung weiter zu testen wurden zusätzlich die SOMEs für 1,2-Dithiin (siehe Abb. 4(b)) berechnet, welches zwei benachbarte Schwefelatome besitzt. Die Berechnungen wurden bei der auf MP2/cc-pVDZ-Niveau optimierten Geometrie durchgeführt. Die detaillierten Resultate sind in den Tabellen C.10 und C.11 dargestellt. Da die maximale und die durchschnittliche absolute Abweichung (siehe Tab. 4.8) in der selben Größenordnung liegen wie für Thiophen, kann hier keine Verschlechterung aufgrund der Einzentren-Näherung für der beiden benachbarten Schwefelatome festgestellt werden. Dieser Trend wurde für größere Basissätze (aug-cc-pVDZ, cc-pVTZ und aug-cc-pVTZ) bestätigt. Hier lag die größte Abweichung zwischen dem exakten Ergebnis und der Einzentren-Näherung bei etwa 0.6 cm^{-1}.

Den besten Kompromiss zwischen Genauigkeit und Rechenzeit bietet die semi-numerische Berechnung des Coulomb-Anteils kombiniert mit der Einzentren-Näherung für den Austausch-Beitrag. Diese Kombination wird im Folgenden als *Standard* bezeichnet, da bei den folgenden Rechnungen auf diese zurückgegriffen wurde.

4.3.2. Methoden

Die CC2-SOMEs von Thiophen unterscheiden sich nur unwesentlich von den ADC(2)-SOMEs (Details siehe Tab. C.12 und C.13). Dabei liegt die stärkste Abweichung bei 12 cm^{-1}, was für diesen Übergang einer Abweichung von ca. 20% entspricht. Die mittlere absolute Abweichung ist mit etwa 3 cm^{-1} eher klein. Damit bietet sich die wesentlich kostengünstigere ADC(2)-Methode gerade für größere Systeme an, da damit erheblich Rechenzeit gespart werden kann.

4.3.3. Vergleich mit DFT/MRCI-SPOCK

Wie oben bereits erwähnt werden die Ergebnisse mit denen der DFT/MRCI-SPOCK-Rechnungen von Kleinschmidt *et al.* [124] verglichen. Für den direkten Vergleich wurden die SOMEs mit dem selben Basissatz berechnet, den Kleinschmidt *et al.* für ihre Rechnungen benutzt haben (TZVPP [126] mit einer zusätzlichen 1s1p1d Rydberg-Basis am Schwerpunkt mit den Exponenten 0.011253, 0.009988 und 0.014204; die Basis wird in dieser Arbeit TZVPP+R genannt).

Für die Übergänge, für die eine eindeutige Zuordnung möglich ist, besitzen die Ergebnisse der beiden Methoden die selbe Größenordnung. Die jeweiligen Abweichungen sind dabei von der Größe des jeweiligen Matrixelements abhängig, in den generellen Trends stimmen aber die Ergebnisse beider

---

[16]Die Berechnungen wurden auf einem AMD Athlon 64 3500+ (2,2 GHz) mit 4 GB RAM durchgeführt.

4.3. Genauigkeit von Matrixelementen des Spin-Bahn-Operators

Tabelle 4.9 – Nichtverschwindende $S_0 \leftarrow T_n$-Spin-Bahn-Matrixelemente von Thiophen auf CC2/TZVPP+R-Niveau. *Standard* steht für die Verwendung der semi-numerischen Berechnung des Coulomb-Anteils und der Einzentren-Näherung für den Austausch-Beitrag.

T_n		ΔE / eV	SOMEs / cm^{-1}	
			Standard	Andere [124]
			CC2	DFT/MRCI
T_3	1^3A_2	6.03	1.93	1.21
T_5	2^3A_2	6.29	114.15	94.71
	3^3A_2	6.71	1.51	
T_1	1^3B_1	4.13	0.17	0.07
	2^3B_1	6.75	9.11	3.29
	3^3B_1	6.83	3.99	
	4^3B_1	7.52	2.53	
T_4	1^3B_2	6.15	9.67	6.49
	2^3B_2	6.43	15.35	13.37
	3^3B_2	6.77	1.54	

Methoden gut überein (siehe Tab. 4.9 und 4.10). Bei der Zuordnung der Zustände ist zu beachten, dass der $2^3B_1(\pi \rightarrow \pi^*)$- und der $3^3B_1(\pi \rightarrow Ryd.)$-Zustand unserer Rechnung ähnliche Anregungsenergien besitzen und dass im Vergleich mit der DFT/MRCI-SPOCK-Rechnung das SOME deren 2^3B_2-Zustandes besser zu unserem 3^3B_1-Zustand passen würde (3.29 zu 3.99 cm^{-1}). Der 3^3B_1-Zustand ist aber laut Kleinschmidt *et al.* ein $\pi \rightarrow \pi^*$-Übergang. Demnach ist eine Zuordnung zum etwas größeren Matrixelement unseres 2^3B_1-Zustandes (9.11 cm^{-1}) wohl stimmiger, da dann die Charaktere der beiden Zustände übereinstimmen.

Somit lässt sich abschließend sagen, dass das Interface zwischen TURBOMOLE und ORCA eine schnelle und einfache Berechnung von Spin-Bahn-Matrixelementen ermöglicht, deren Genauigkeit vergleichbar mit der einer AMFI-basierten Rechnung ist. Dabei spart man sich eine Berechnung der Spin-Bahn-Beiträge auf atomarem Level, was zu einer konzeptionell einfacheren Berechnung führt, während die AMFI-immanenten Fehler vermieden werden (Vernachlässigung der Mehrzentren-Beiträge [auch im Einelektronen-Beitrag] und atomare SCF-Orbitale anstatt der vollen [asymmetrischen] Dichte).

4. Benchmark-Rechnungen

Tabelle 4.10 – $S_m \leftarrow T_n$-Spin-Bahn-Matrixelemente von Thiophen auf CC2/TZVPP+R-Niveau. *Standard* steht für die Verwendung der semi-numerischen Berechnung des Coulomb-Anteils und der Einzentren-Näherung für den Austausch-Beitrag.

T_n	S_m	ΔE / eV	SOMEs / cm^{-1}	
			Standard CC2	Andere [124] DFT/MRCI
1^3A_1	1^1A_2	1.12	0.56	0.14
1^3A_1	1^1B_1	1.22	0.20	0.57
1^3A_1	1^1B_2	1.36	1.16	2.26
2^3A_1	1^1A_2	0.27	0.29	0.03
2^3A_1	1^1B_1	0.17	1.97	0.05
2^3A_1	1^1B_2	0.03	6.48	5.71
1^3A_2	1^1A_1	0.21	1.74	1.23
1^3A_2	1^1B_1	0.14	4.39	5.66
1^3A_2	1^1B_2	0.28	4.37	5.63
2^3A_2	1^1A_1	0.47	57.89	44.26
2^3A_2	1^1B_1	0.12	21.58	18.25
2^3A_2	1^1B_2	0.01	0.61	0.59
1^3B_1	1^1A_1	1.69	2.14	0.35
1^3B_1	1^1A_2	1.93	4.18	6.14
1^3B_1	1^1B_2	2.17	43.00	45.21
2^3B_1	1^1A_1	0.93	2.41	0.47
2^3B_1	1^1A_2	0.69	0.32	0.42
2^3B_1	1^1B_2	0.45	0.14	1.83
1^3B_2	1^1A_1	0.33	1.35	3.13
1^3B_2	1^1A_2	0.09	4.99	5.90
1^3B_2	1^1B_1	0.01	43.63	38.64
2^3B_2	1^1A_1	0.61	3.32	3.22
2^3B_2	1^1A_2	0.37	1.54	1.24
2^3B_2	1^1B_1	0.27	1.89	4.59

5. Triplett-Excimere von Molekülen mit $\pi - \pi$-Wechselwirkung

Die photophysikalischen Eigenschaften von miteinander wechselwirkenden Chromophoren sind für eine Vielfalt an Forschungsgebieten von großer Bedeutung. Starke Wechselwirkungen führen zu langreichweitigen Kohärenzen wie in J-Aggregaten [127–129] oder zur Bildung von stark gebundenen Excimeren. Der Zusammenhang zwischen der molekularen Konfiguration von Dimeren und der Excimerbildung wird in der Literatur kontrovers diskutiert: Während über die Singulett-Excimerbildung inzwischen weitgehend Einigkeit besteht [130], ist die Bildung der Triplett-Excimere noch nicht endgültig aufgeklärt [13, 14, 16, 54–63].

Mit abnehmender Kopplungsstärke tendieren die Anregungen dazu auf einem der Chromophore zu lokalisieren, was in Analogie zur Festkörpertheorie als Exciton bezeichnet wird. Die Wechselwirkungen führen dann zum elektronischen Energietransfer (EET) [131, 132]. Die ersten Untersuchungen zum kurzreichweitigen intramolekularen EET wurden Anfang der 1950er Jahre von Weber durchgeführt [133–135]. In der Literatur findet man einige Übersichtsartikel zu diesem Thema (siehe z. B. Lit. 136, 137). Das Verständnis des intramolekularen EETs wurde in den letzten Jahren für das Design organischer Halbleiter entscheidend, so zum Beispiel für die Konstruktion effizienter organischer Leuchtdioden (OLEDs) oder Photovoltaikanlagen [138, 139]. Dabei spielen sogenannte π-*stacking* Wechselwirkungen, also die Wechselwirkungen gestapelter π-Elektronensysteme, eine entscheidende Rolle [8, 140], worauf in diesem Kapitel näher eingegangen wird. Zunächst jedoch folgt eine theoretische Beschreibung der angeregten Zustände molekularer Dimere in Abschnitt 5.1, bevor dann in Kapitel 5.2 und 5.3 die Triplett-Excimer-Bildung anhand zweier Modellsysteme diskutiert wird. Die technischen Details zu den Rechnungen sind im Anhang D aufgeführt.

5.1. Theorie molekularer Dimere und deren Anregungen

Um ein Dimer mit elektronisch gekoppelten Zuständen zu charakterisieren verwenden wir zwei systemabhängige Parameter, die Reorganisationsenergie λ und die elektronische Kopplung V. Vernachlässigt man die elektronische Kopplung, erhält man je zwei entartete Zustände, $|L^\star R\rangle$ und $|LR^\star\rangle$, also einmal eine Anregung des linken und einmal eine des rechten Monomers. Diese beiden Zustände definieren eine diabatische Basis, welche die Grundlage für die folgende Diskussion darstellt. Die zugehörigen Potentialkurven sind schematisch in Abbildung 5.1 gezeigt. Auf der X-Achse der beiden Graphen ist die kombinierte Relaxationskoordinate der beiden diabatischen Zustände $\frac{1}{\sqrt{2}}(Q_L - Q_R)$ aufgetragen, wobei Q_L die Relaxationskoordinate des angeregten Zustandes $|L^\star R\rangle$ und Q_R die des Zustandes $|R^\star L\rangle$ ist. Die Reorganisationsenergie λ ist die Energie, die durch die Relaxation der Molekülgeometrie nach einer vertikalen Anregung vom einen diabatischen Zustand auf den anderen frei

5. Triplett-Excimere von Molekülen mit $\pi - \pi$-Wechselwirkung

Abbildung 5.1 – Schematische Darstellung der Potentialkurven der angeregten Zustände $|L^*R\rangle$ und $|LR^*\rangle$ eines Dimers. Auf der X-Achse ist die kombinierte Relaxationskoordinate der beiden angeregten Zustände aufgetragen, wobei Q_L die Relaxationskoordinate des Zustandes $|L^*R\rangle$ und Q_R die des Zustandes $|LR^*\rangle$ ist. Linker Graph: Eine schwache Kopplung $V < \lambda/4$ zwischen den diabatischen Zuständen mit der Reorganisationsenergie λ führt zu einem Doppel-Minimum-Potential mit einer Energieaufspaltung von $2V$. Rechter Graph: Im Falle einer starken Kopplung $V > \lambda/4$ geht das Doppel-Minimum-Potential in ein breites Potential mit nur einem Minimum über.

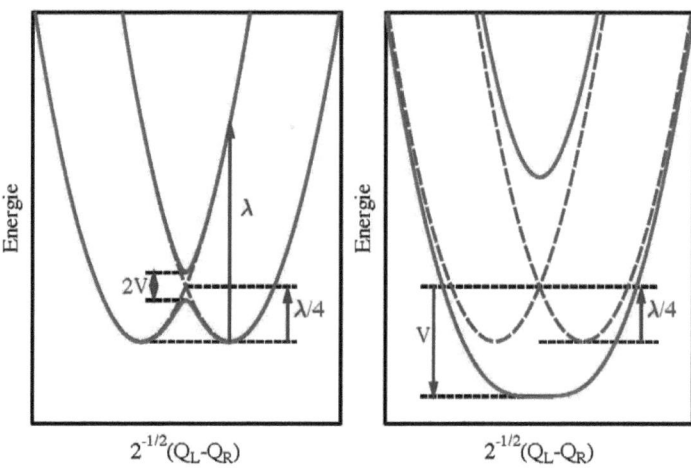

wird (siehe Abb. 5.1). Dabei setzt sich λ aus einer Relaxation auf der Grundzustandsfläche des abgeregten Monomers und einer Relaxation des angeregten Monomers auf der Hyperfläche des angeregten Zustandes zusammen. Nimmt man an, dass die Potentiale der diabatischen Zustände harmonisch sind, so findet man deren Durchschneidung genau bei $\lambda/4$ über den beiden Minima der Potentialflächen. Die beiden Zustände wechselwirken über das Kopplungspotential $V = \langle L^*R|H|R^*L\rangle$ miteinander, wobei H der Hamiltonoperator ist. In guter Näherung kann V entlang der Relaxationskoordinate als konstant angenommen werden. Im adiabatischen Bild führt die Kopplung zu einer vermiedenen Kreuzung, wobei die minimale Aufspaltung dem Zweifachen der Kopplung V entspricht.

Im Falle einer schwachen Kopplung $V < \lambda/4$ (linker Graph in Abb. 5.1) bildet sich so für den energetisch niedrig liegenden Zustand ein Doppel-Minimum-Potential mit einer Barriere der Höhe $\lambda/4 - V$ zwischen den beiden Minima. In diesem Fall führt eine Relaxation der Molekülkoordinaten im angeregten Zustand zu einer Symmetriebrechung, die Anregung ist auf einem der beiden Monomere lokalisiert. Im Bereich der Minima weicht die adiabatische elektronische Wellenfunktion kaum

5.1. Theorie molekularer Dimere

von der zugehörigen diabatischen Wellenfunktion ab. Daher ist in diesem Fall das Bild gekoppelter lokaler Anregungen gültig.

Im Gegensatz dazu führt eine starke Kopplung $V > \lambda/4$ (rechter Graph in Abb. 5.1) zu einer Potentialkurve mit einem einzigen breiten Minimum. In diesem Fall ist die Struktur der beiden Monomere gleich, die Symmetrie des Dimers bleibt erhalten und die Anregung ist über beide Monomere delokalisiert. Solch starke Kopplungen rühren oft von starken Wechselwirkungen mit *Charge-Transfer* (CT)-Zuständen her [137, 141].

Wechselwirkungen zwischen lokal angeregten (LE-) Zuständen und CT-Zuständen können die spektralen Eigenschaften eines Dimers sehr stark beeinflussen. Zur Untersuchung des Kopplungsmusters zwischen LE- und CT-Zuständen wird hier das folgende Vier-Zustands-Modell diskutiert, welches bereits von Hartcourt *et al.* angewendet wurde [141]. In diesem Modell lässt sich die Hamiltonmatrix eines Dimers schreiben als

$$\mathbf{H} = \begin{pmatrix} \omega_{LE} & V & \beta_H & \beta_P \\ V & \omega_{LE} & \beta_P & \beta_H \\ \beta_H & \beta_P & \omega_{CT} & W \\ \beta_P & \beta_H & W & \omega_{CT} \end{pmatrix}. \tag{5.1}$$

Dabei sind die Matrixelemente wie folgt definiert,

$$\omega_{LE} = \langle L^\star R | H | L^\star R \rangle = \langle LR^\star | H | LR^\star \rangle, \tag{5.2}$$

$$V = \langle L^\star R | H | LR^\star \rangle, \tag{5.3}$$

$$\omega_{CT} = \langle L^- R^+ | H | L^- R^+ \rangle = \langle L^+ R^- | H | L^+ R^- \rangle, \tag{5.4}$$

$$W = \langle L^- R^+ | H | L^+ R^- \rangle, \tag{5.5}$$

$$\beta_H = \langle L^\star R | H | L^- R^+ \rangle = \langle LR^\star | H | L^+ R^- \rangle, \tag{5.6}$$

$$\beta_P = \langle L^\star R | H | L^+ R^- \rangle = \langle LR^\star | H | L^- R^+ \rangle, \tag{5.7}$$

wobei $|L^\star R\rangle$ und $|LR^\star\rangle$ die oben eingeführten diabatischen Zustände und $|L^+ R^-\rangle$ und $|L^- R^+\rangle$ die CT-Konfigurationen darstellen. H ist der Hamiltonoperator des Dimers und β_H und β_P sind die Loch- und Teilchentransferparameter, welche die Kopplung zwischen LE- und CT-Zuständen beschreiben. Wenn die beiden Monomere durch eine Symmetrieoperation aufeinander abgebildet werden können, kann die Hamiltonmatrix in Blöcke mit entgegengesetzter Parität entkoppelt werden

$$\mathbf{H} = \begin{pmatrix} \omega_{LE}^+ & \beta_H + \beta_P & 0 & 0 \\ \beta_H + \beta_P & \omega_{CT}^+ & 0 & 0 \\ 0 & 0 & \omega_{LE}^- & \beta_H - \beta_P \\ 0 & 0 & \beta_H - \beta_P & \omega_{CT}^- \end{pmatrix}, \tag{5.8}$$

5. Triplett-Excimere von Molekülen mit $\pi - \pi$-Wechselwirkung

Abbildung 5.2 – Mögliche Anregungen eines Dimers unter Verwendung einer lokalisierten Monomer-Basis bzw. einer delokalisierten Dimer-Basis. In der Monomer-Basis können zwei lokal angeregte (LE) und zwei *Charge-Transfer* (CT) Zustände identifiziert werden, wobei die ungepaarten Elektronen immer zum Singulett oder zum Triplett gekoppelt werden können (8 Zustände mit $M_s = 0$). In der Dimer-Basis sind die Molekülorbitale Linearkombinationen der linken und rechten Monomer-Molekülorbitale. Daraus können ebenfalls 8 Zustände gebildet werden, wobei in diesem Fall eine Charakterisierung in LE- oder CT-Zustände nicht möglich ist.

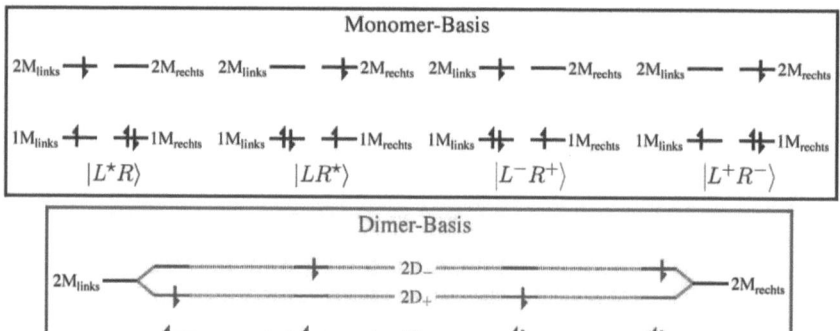

mit $\omega_{LE}^{\pm} = \omega_{LE} \pm V$ und $\omega_{CT}^{\pm} = \omega_{CT} \pm W$. Mit Hilfe der Blockstruktur der Hamiltonmatrix und den Kopplungselementen $\beta_H \pm \beta_P$ zwischen LE- und CT-Zuständen kann man die Kopplung zwischen diesen Zuständen in Dimeren erklären (siehe Kap. 5.3.4).

Um den LE- oder CT-Charakter eines angeregten Zustandes zu untersuchen wird im Folgenden das oben eingeführte Vier-Zustands-Modell näher betrachtet. Dieses lässt sich durch ein Dimer mit je einem doppelt besetzten und einem virtuellen Orbital auf den beiden Monomeren darstellen. Diese Orbitale werden im Folgenden als 1 M_{links}, 2 M_{links}, 1 M_{rechts}, und 2 M_{rechts} bezeichnet (siehe Abb. 5.2, oberer Teil). In dieser Basis kann man vier einfach angeregte Zustände konstruieren: je eine lokale Anregung (LE) auf dem rechten und auf dem linken Monomer sowie zwei CT-Zustände (links→rechts und rechts→links). Die beiden resultierenden ungepaarten Elektronen können entweder zum Singulett oder zum Triplett gekoppelt werden.

Im Falle einer schwachen Kopplung der Monomere besteht das Dimerspektrum nur aus den Anregungen der LE-Zustände. In diesem Fall stellt die Förster-Dexter-Theorie [142–144] zur Berechnung des Kopplungsmatrixelements eine gute Näherung dar. Wenn die Monomere nicht miteinander koppeln sind die LE-Zuständen der Monomere paarweise entartet. Eine nicht-verschwindende Kopplung hebt diese Entartung auf. Dieser Effekt wird als Davidov-Aufspaltung oder Davidov-*Splitting* be-

5.1. Theorie molekularer Dimere

zeichnet [132].

Die Dimerwellenfunktion, die eine lokale Anregung auf dem linken Monomer beschreibt, kann in eine Monomer-Anregung auf der linken Seite und die Monomer-Grundzustandswellenfunktion auf der rechten Seite faktorisiert werden

$$|L^\star R\rangle = \mathscr{A} \left| \Psi_{M^\star_{links}} \Psi_{M_{rechts}} \right\rangle \tag{5.9}$$

(wobei $|\Psi_{M_{links}}\rangle$ und $|\Psi_{M_{rechts}}\rangle$ die Monomerwellenfunktionen darstellen) und umgekehrt für eine lokale Anregung auf der rechten Seite

$$|LR^\star\rangle = \mathscr{A} \left| \Psi_{M_{links}} \Psi_{M^\star_{rechts}} \right\rangle. \tag{5.10}$$

Das Wechselwirkungsmatrixelement lässt sich dann schreiben als (siehe, z. B. Lit. 136)

$$V = \langle L^\star R | \mathscr{V}_{coul} | LR^\star \rangle. \tag{5.11}$$

$\mathscr{A}$ ist dabei der Antisymmetrisierungsoperator und $\mathscr{V}_{coul} = \sum_{i<j} \frac{1}{r_{ij}}$.

Für geschlossenschalige Systeme kann die Einteilchenübergangsdichte auf dem linken oder rechten Monomer ($X = M_{links}, M_{rechts}$) definiert werden als

$$\gamma^X(\mathbf{r}_1, \mathbf{r}'_1) = 2 \int \Psi_X(\mathbf{r}_1, \mathbf{r}_2, \ldots, \mathbf{r}_N) \Psi_{X^\star}(\mathbf{r}'_1, \mathbf{r}_2, \ldots, \mathbf{r}_N)^* d^3\mathbf{r}_2 \ldots d^3\mathbf{r}_N. \tag{5.12}$$

Damit kann man das Matrixelement (5.11) schreiben als

$$V = \int \gamma^{M_{links}}(\mathbf{r}_1, \mathbf{r}_1) \frac{1}{r_{12}} \gamma^{M_{rechts}}(\mathbf{r}_2, \mathbf{r}_2)^* d^3\mathbf{r}_1 d^3\mathbf{r}_2$$
$$- \frac{1}{2} \int \gamma^{M_{links}}(\mathbf{r}_1, \mathbf{r}_2) \frac{1}{r_{12}} \gamma^{M_{rechts}}(\mathbf{r}_1, \mathbf{r}_2)^* d^3\mathbf{r}_1 d^3\mathbf{r}_2. \tag{5.13}$$

Für Singulett-Einfachanregungen dominiert die Coulomb-Wechselwirkung (erster Term in Gl. (5.13)), weshalb die Austausch-Wechselwirkung vernachlässigt werden kann. Das Kopplungsmatrixelement für Singulettzustände kann dann geschrieben werden als

$$V \approx \int \gamma^{M_{links}}(\mathbf{r}_1, \mathbf{r}_1) \frac{1}{r_{12}} \gamma^{M_{rechts}}(\mathbf{r}_2, \mathbf{r}_2)^* d^3\mathbf{r}_1 d^3\mathbf{r}_2. \tag{5.14}$$

Dieses Coulomb-Integral kann als weitere Näherung durch die Dipol-Dipol-Wechselwirkung

$$V \approx \frac{1}{\delta^3} \left[\mathbf{d}_{M_{links}} \cdot \mathbf{d}_{M_{rechts}} - \frac{3}{\delta^2} (\mathbf{R} \cdot \mathbf{d}_{M_{links}})(\mathbf{R} \cdot \mathbf{d}_{M_{rechts}}) \right] \tag{5.15}$$

5. Triplett-Excimere von Molekülen mit $\pi - \pi$-Wechselwirkung

beschrieben werden, wobei $\delta = |\mathbf{R}|$ der Abstand zwischen den beiden Monomeren darstellt. $\mathbf{d}_X = \langle \Psi_X | \hat{\mu} | \Psi_{X^*} \rangle$ ist das Übergangsdipolmoment der Anregung $X \to X^*$. Die Kopplung im Singulett-Fall verschwindet also proportional zu $\frac{1}{\delta^3}$.

Im Triplett-Fall entfällt der Coulomb-Beitrag, weshalb der Austausch-Beitrag (zweiter Term in Gl. (5.13)) betrachtet werden muss:

$$V = -\frac{1}{2} \int \gamma^{M_{links}}(\mathbf{r}_1, \mathbf{r}_2) \frac{1}{r_{12}} \gamma^{M_{rechts}}(\mathbf{r}_1, \mathbf{r}_2)^* d^3\mathbf{r}_1 d^3\mathbf{r}_2 \tag{5.16}$$

$$= -\frac{1}{2} \sum_{pq} \sum_{rs} \gamma^{M_{links}}_{pq} \gamma^{M_{rechts}}_{rs} (ps|rq). \tag{5.17}$$

Für die letzte Umformung wurde ein Satz lokalisierter Molekülorbitale eingeführt, für den Molekülorbitale mit den Indizes p, q zum linken Monomer und die mit r, s zum rechten Monomer gehören. Die Zweielektronenintegrale über die Raumorbitale in Mulliken-Notation sind definiert als

$$(ps|rq) = \int \psi_p(\mathbf{r}_1)^* \psi_s(\mathbf{r}_1) \frac{1}{r_{12}} \psi_r(\mathbf{r}_2)^* \psi_q(\mathbf{r}_2) d^3\mathbf{r}_1 d^3\mathbf{r}_2. \tag{5.18}$$

Die Kopplung der Tripletts hängt also direkt von der Überlappung der rechten und linken Monomerorbitale ab und fällt exponentiell mit dem Abstand δ der beiden Monomere ab.

CT-Prozesse sind vor allem bei sehr kleinen Abständen wichtig. Dies soll im Folgenden kurz erklärt werden. Das Dyson-Orbital, welches mit der Ionisation eines Monomers verknüpft ist, wird in guter Näherung (Koopmansches Theorem) vom energetisch höchsten besetzten MO i (HOMO, *Highest Occupied Molecular Orbital*) des jeweiligen Monomers beschrieben, während das Dyson-Orbital, welches mit der Elektronenaufnahme des anderen Monomers verknüpft ist, durch das zugehörige energetisch niedrigste unbesetzte MO a (LUMO, *Lowest Unoccupied Molecular Orbital*) beschrieben wird. Für reine Singulett-CT-Zustände kann also die Anregungsenergie durch den folgenden Ausdruck genähert werden [145, 146]:

$$\Delta E \approx \text{IP} + \text{EA} + 2(ia|ai) - (ii|aa), \tag{5.19}$$

wobei IP und EA das Ionisationspotential und die Elektronenaffinität des Donors beziehungsweise des Akzeptors darstellen. Der Coulomb-artige Beitrag, also der dritte Term aus Gl. (5.19), ist normalerweise klein und verschwindet exponentiell mit steigendem Abstand δ, da die Orbitale i und a auf verschiedenen Monomeren lokalisiert sind. Für Triplett-CT-Zustände trägt dieser Term überhaupt nicht bei, was zu einer Fastentartung von Singulett- und Triplett-CT-Zuständen führt (vgl. auch Difley *et al.*, Lit. 147). Die Abstandsabhängigkeit der CT-Energie wird also hauptsächlich vom letzten Term in Gleichung (5.19) bestimmt. Dadurch ist die CT-Energie proportional zu $-\frac{1}{\delta}$ und wird daher bei kleinen Abständen δ stark abgesenkt.

5.1. Theorie molekularer Dimere

Tabelle 5.1 – Zusammenhang zwischen kanonischen Dimer-Molekülorbitalen des Moleküls [3.3](4,4')Biphenylophan (BPP-MO) und kanonischen Monomer-Molekülorbitale von 4,4'-Dimethylbiphenyl (DMBP-MO). Siehe auch Abbs. 5.3 und 5.4.

BPP-MO	Linearkombination von DMBP-MO
$(HOMO-7)_D$	$(HOMO-3)_M + (HOMO-3)_M$
$(HOMO-4)_D$	$(HOMO-3)_M - (HOMO-3)_M$
$(HOMO-1)_D$	$HOMO_M + HOMO_M$
$HOMO_D$	$HOMO_M - HOMO_M$
$LUMO_D$	$LUMO_M + LUMO_M$
$(LUMO+2)_D$	$LUMO_M - LUMO_M$

Charakterisierung angeregter Zustände Die Charakterisierung angeregter Zustände in LE- und CT-Zustände ist unter Verwendung lokaler Molekülorbitale eindeutig (siehe vorheriger Abschnitt und oberer Teil der Abb. 5.2). Die Verwendung lokaler Molekülorbitale war in der vorliegenden Arbeit allerdings nicht direkt möglich, da CC2 auf der Störungstheorie beruht und daher in der vorliegenden Implementierung eine diagonale Hamiltonmatrix nullter Ordnung benötigt wird. Diese Bedingung wird nur durch kanonische Molekülorbitale erfüllt, welche allerdings über beide Monomere delokalisiert sind (vgl. unterer Teil der Abb. 5.2). Wie von Sagvolden et al. [148] gezeigt wurde ist es trotzdem möglich den Charakter der Zustände mit Hilfe kanonischer Orbitale zu untersuchen. In der kanonischen Dimer-Basis sind die Molekülorbitale positive und negative Linearkombinationen der Monomerorbitale, welche hier als D_+ und D_- bezeichnet werden. Natürlich kann die gleiche Anzahl an Zuständen wie in der Monomer-Basis auch in der Dimer-Basis generiert werden.

Ein linkes und ein rechtes Monomer-Molekülorbital kann man als positive und negative Linearkombination von Dimer-Molekülorbitalen ausdrücken:

$$|M_{links}\rangle = \frac{1}{\sqrt{2}}(|D_+\rangle + |D_-\rangle) \qquad (5.20)$$

$$|M_{rechts}\rangle = \frac{1}{\sqrt{2}}(|D_+\rangle - |D_-\rangle) \qquad (5.21)$$

Zum Beispiel kann man das Monomer-$HOMO_M$, welches auf einem der beiden Monomere von [3.3](4,4')Biphenylophan (BPP) lokalisiert ist (siehe unten), als positive Linearkombination der Dimer-Orbitale $HOMO_D$ und $(HOMO-1)_D$ ausdrücken, wohingegen die zugehörige negative Linearkombination dieser Orbitale das Monomer-$HOMO_M$ auf der anderen Seite des BPP-Moleküls ergibt (siehe auch Tab. 5.1 sowie Abb. 5.3 und 5.4). Um Missverständnissen vorzubeugen werden in diesem Kapitel die Monomer-Molekülorbitale mit dem Index M und die Dimer-Molekülorbitale mit dem Index D versehen.

Mit Hilfe der Ausdrücke (5.20) und (5.21) kann man nun zeigen, dass LE-Zustände positive Line-

5. Triplett-Excimere von Molekülen mit $\pi - \pi$-Wechselwirkung

Abbildung 5.3 – Die Molekülorbitale (RHF/cc-pVTZ) von 4,4'-Dimethylbiphenyl (DMBP), die hauptsächlich an den hier diskutierten Anregungen beteilig sind.

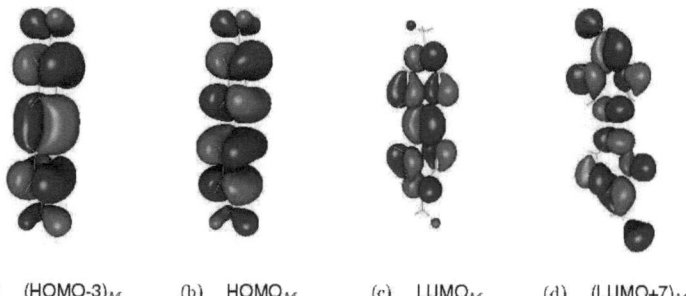

(a) $(HOMO-3)_M$ (b) $HOMO_M$ (c) $LUMO_M$ (d) $(LUMO+7)_M$

arkombinationen von zwei Dimer-Anregungen sind

$$\gamma_{LE} = \frac{1}{\sqrt{2}} \left(|1M_{links}\rangle \langle 2M_{links}| \pm |1M_{rechts}\rangle \langle 2M_{rechts}| \right)$$

$$= \frac{1}{\sqrt{2}} \left(|1D_+\rangle \langle 2D_\pm| + |1D_-\rangle \langle 2D_\mp| \right), \qquad (5.22)$$

während CT-Zustände durch die zugehörigen negativen Linearkombinationen dargestellt werden

$$\gamma_{CT} = \frac{1}{\sqrt{2}} \left(|1M_{links}\rangle \langle 2M_{rechts}| \pm |1M_{rechts}\rangle \langle 2M_{links}| \right)$$

$$= \frac{1}{\sqrt{2}} \left(|1D_\pm\rangle \langle 2D_+| - |1D_\mp\rangle \langle 2D_-| \right). \qquad (5.23)$$

Durch Addition beziehungsweise Subtraktion der beiden Gleichungen (5.22) und (5.23) hebt sich ein Term genau auf. Daraus folgt, dass ein angeregter Zustand des Dimers, welcher durch eine einzige Anregung dominiert wird (z. B. $|1D_+\rangle \langle 2D_+|$) ein gemischter Zustand mit LE- und CT-Beiträgen ist.

5.2. Die intramolekulare Excimerbildung in BPP

Ein interessantes Modellsystem für intramolekularen elektronischen Energietransfer (EET) in π-*stacking* Systemen sowie für die Triplett-Excimerbildung ist [3.3](4,4')Biphenylophan (BPP, siehe Abb. 5.5). Die Verbindung wurde 2008 von Yamaji *et al.* [11] synthetisiert und anhand von Emissions- und transienter Absorptionsspektroskopie charakterisiert. In dieser Verbindung werden die zwei Biphenyl-Untereinheiten von den kurzen Methylen-Brücken in einer koplanaren, sog. *Face-to-Face* (F2F) Orientierung gehalten. Durch die wohldefinierte Anordnung der beiden Biphenyle bilden diese ein Modellsystem für größere Systeme mit $\pi - \pi$-Wechselwirkungen. Die vorgegebene Struktur

5.2. Excimere von BPP

Abbildung 5.4 – Die Molekülorbitale (RHF/cc-pVTZ) von [3.3](4,4')Biphenylophan (BPP), die hauptsächlich an den hier diskutierten Anregungen beteiligt sind.

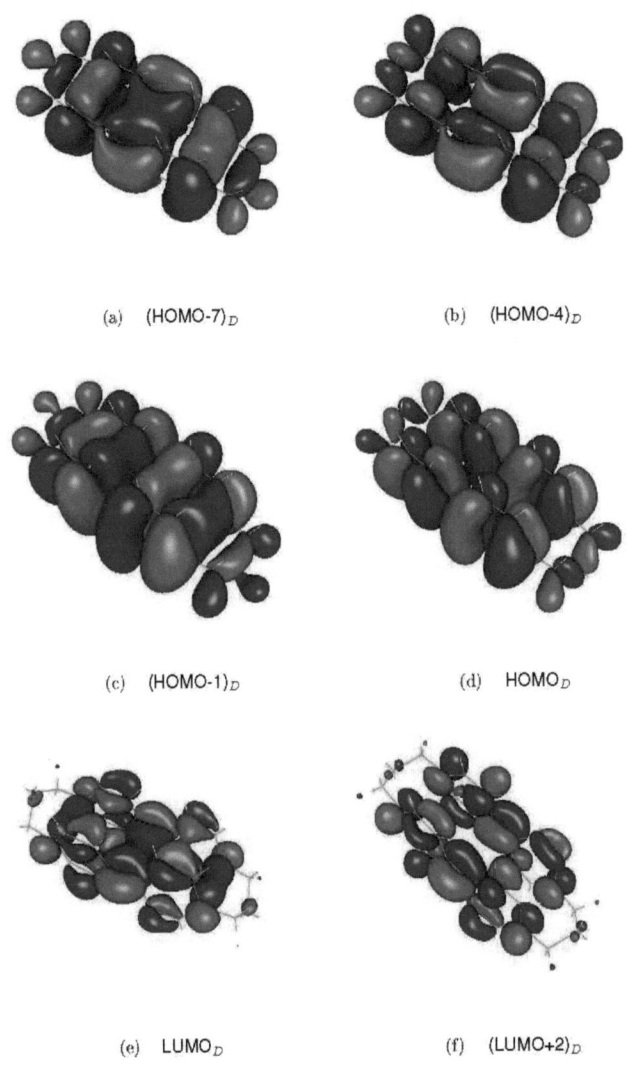

(a) (HOMO-7)$_D$ (b) (HOMO-4)$_D$

(c) (HOMO-1)$_D$ (d) HOMO$_D$

(e) LUMO$_D$ (f) (LUMO+2)$_D$

5. Triplett-Excimere von Molekülen mit π − π-Wechselwirkung

Abbildung 5.5 – Erläuterung der in dieser Arbeit verwendeten Parameter für BPP (links) und DMBP (rechts). Die Newman-Projektion in der Mitte stellt den Dieder-Winkel α dar, wobei man entlang der C_C–C_D Bindung schaut.

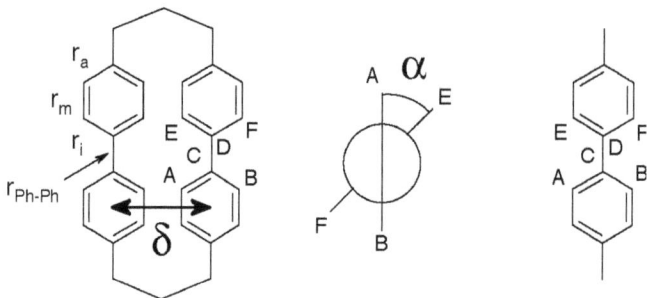

hilft entscheidend bei der Untersuchung des Systems, da Theorie und Experiment dadurch ohne die typischen Unordnungs-Effekte freier Dimere betrachtet werden können, was einen Vergleich der Ergebnisse erheblich erleichtert.

5.2.1. Die Eigenschaften des Monomers 4,4'-Dimethylbiphenyl

Der Grundzustand Für die Untersuchung der Zustände von 4,4'-Dimethylbiphenyl (DMBP) und BPP ist der Diederwinkel α zwischen den beiden Phenylring-Ebenen in einer Biphenyl-Einheit (siehe Abb. 5.5) von besonderem Interesse, da dieser auf den Charakter des jeweiligen Zustands reagiert. Die berechneten Werte für α sind in Tabelle 5.2 zusammengefasst. Im Grundzustand von DMBP finden wir dafür einen Wert von ca. 42°, was gut mit dem experimentellen Ergebnis übereinstimmt: Casalone *et al.* [149] finden in der Kristallstruktur von DMBP einen Winkel von 36° bzw. 40°. Für unsubstituiertes Biphenyl in der Gasphase findet Suzuki [150] durch die Analyse von Absorptionsspektren einen Winkel von ca. 40-43°.

Zusätzlich sind in Tabelle 5.2 noch die C–C-Bindungslängen angegeben (siehe auch Abb. 5.5). Im Grundzustand sind die Bindungsabstände zwischen den Phenyl-C-Atomen ungefähr gleich (ca. 1.40 Å). Dies entspricht einem typischen Bindungsabstand in aromatischen Molekülen (Bindungsordnung ~1.5). Die Bindung zwischen den Phenylringen ist deutlich länger (1.47 Å) und kann als C–C Einfachbindung charakterisiert werden. Auch diese Ergebnisse stimmen gut mit der Kristallstruktur von Casalone *et al.* [149] überein (1.38 und 1.39 Å für die Bindungsabstände in den Phenylringen und ca. 1.48 Å für die Bindung dazwischen) und weisen darauf hin, dass die π-Elektronen auf den beiden Phenylringen lokalisiert sind. Eine Lewis-Struktur, welche mit diesen Beobachtungen übereinstimmt, ist in Abbildung 5.6 dargestellt.

5.2. Excimere von BPP

Tabelle 5.2 – Der Diederwinkel α zwischen den Phenylringen in Grad, die Phenyl-Bindungslängen sowie die Bindungslänge zwischen den Phenylringen von DMBP und BPP in Å. Für BPP ist zusätzlich der Abstand δ zwischen den Biphenyleinheiten in Å angegeben (siehe Text und Abb. 5.5). Die Optimierungen wurden mit MP2 (Grundzustand) bzw. ADC(2) (angeregte Zustände) und der Dunningschen cc-pVTZ Basis durchgeführt.

Molekül	Zustand	α	r_a	r_m	r_i	r_{Ph-Ph}	δ
DMBP	S_0	38.7^a	1.40	1.39	1.40	1.47	
		(36/40	1.38	1.38	1.39	$1.47)^b$	
	S_1	7.9^c	1.40	1.41	1.43	1.43	
	T_1	0.1	1.42	1.37	1.46	1.39	
BPP	S_0	43.7	1.40	1.39	1.40	1.47	3.26
	S_1	17.7	1.41	1.38	1.43	1.43	2.98
	T_1	18.4	1.41	1.38	1.43	1.43	3.03

^{a}40-43° von Suzuki [150] aus Elektronenabsorptionsspektren.
^{b}Durchschnittswerte aus der DMBP-Kristallstruktur von Casalone et al. [149].
^{c}0° von Im et al. [151] aus hochauflösenden vibronischen Spektren.

Abbildung 5.6 – Schematische Darstellung der Verteilung der π-Elektronen im Grundzustand sowie im niedrigsten angeregten Singulett- und Triplettzustand von DMBP. Im Grundzustand sind die beiden Phenylringe durch eine Einfachbindung verknüpft. Im S_1-Zustand sind die π-Elektronen über die Phenylringe und die dazwischenliegende Bindung delokalisiert. Im T_1-Zustand findet man eine Chinon-artige Verteilung der π-Elektronen.

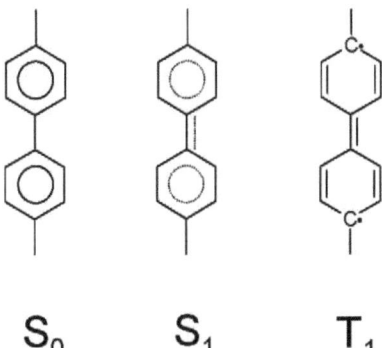

5. Triplett-Excimere von Molekülen mit $\pi - \pi$-Wechselwirkung

Der S_1-Zustand Der S_1-Zustand des DMBP-Moleküls wird von der $HOMO_M \rightarrow (LUMO+1)_M$-Anregung dominiert, während die $HOMO_M \rightarrow LUMO_M$-Anregung hauptsächlich zum S_2-Zustand beiträgt. Die beteiligten Molekülorbitale von DMBP sind in Abbildung 5.3 dargestellt.

Der vertikale energetische Abstand zwischen der S_1- und der S_0-Potentialhyperfläche an der S_1-Geometrie beträgt 4.28 eV. Dies lässt sich mit dem Maximum der Fluoreszenzbande des experimentellen Spektrums bei 3.64 eV [11] vergleichen. Die Abweichung von 0.6 eV kann, neben der Ungenauigkeit der CC2-Methode, möglicherweise Lösungsmitteleffekten zugeordnet werden.[17] Des Weiteren entspricht das Maximum der Fluoreszenzbande nicht notwendigerweise genau dem vertikalen Energieabstand. Die adiabatische Anregungsenergie beträgt 4.54 eV und liegt somit ca. 0.3 eV oberhalb des Beginns der Fluoreszenzbande im experimentellen Spektrum.

Im ersten angeregten Singulettzustand reduziert sich der Verdrillungswinkel α erheblich von ca. 39° im Grundzustand auf ca. 8°. Die Phenyl-Bindungslängen werden etwas größer (1.42 Å), während die Bindung zwischen den Ringen mit 1.43 Å kürzer ist als im Grundzustand. Dies weist auf eine Delokalisierung der π-Elektronen über die beiden Phenylringe und die Bindung zwischen ihnen hin (die Lewis-Struktur ist in Abb. 5.6 dargestellt). Im et al. [151] bestimmen durch die Analyse hochauflösender vibronischer Spektren einen Winkel von 0° im S_1-Zustand.

Der T_1-Zustand Im Gegensatz zum S_1-Zustand wird der T_1-Zustand von DMBP klar von der $HOMO_M \rightarrow LUMO_M$-Anregung dominiert. Der T_2-Zustand ist um mehr als 1.4 eV vom T_1-Zustand separiert.

Die $S_0 \leftarrow T_1$ vertikale Emissionsenergie an der T_1-Geometrie beträgt 2.72 eV, was gut mit dem Maximum der experimentellen Phosphoreszenzbande von DMBP übereinstimmt (2.70 eV [11]). Diese Übereinstimmung kann jedoch durch Lösungsmitteleffekte verschlechtert werden, welche nicht in die Rechnung mit einbezogen wurden. Die adiabatische $T_1 \leftarrow S_0$-Anregungsenergie von 3.12 eV deckt sich gut mit dem Ansatz des experimentellen Phosphoreszenzspektrums bei 3.0 eV.

Im T_1-Zustand veringert sich der Verdrillungswinkel α auf ca. 0°. Die Phenyl-Bindungslängen alternieren stark und die Bindungslänge zwischen den Ringen reduziert sich auf 1.39 Å. Die π-Elektronen sind also im ersten Triplettzustand chinon-artig lokalisiert (siehe auch Lit. 152 und Abb. 5.6). Damit unterscheidet sich die Geometrie des T_1-Zustandes von der des S_1-Zustandes; für diesen wurde eine Delokalisierung der π-Elektronen festgestellt.

5.2.2. Die Eigenschaften des Dimers [3.3](4,4')Biphenylophan

Der Grundzustand Experimentell wurden von BPP bisher keine Geometrieparameter bestimmt. Zum Vergleich mit DMBP wird wieder der Verdrillungswinkel α herangezogen (siehe Abb. 5.5 und

---

[17]Die Lösungsmitteleffekte wurden in dieser Studie nicht berechnet. Eine Diskussion von Lösungsmitteleffekten für das Naphthalin-Dimer findet sich in Abschnitt 5.3.2.

5.2. Excimere von BPP

Abbildung 5.7 – Schematische Darstellung der Verteilung der π-Elektronen im Grundzustand sowie im niedrigsten angeregten Singulett- und Triplettzustand von BPP. Im Grundzustand sind die beiden Phenylringe durch eine Einfachbindung verknüpft. Im S_1- und T_1-Zustand sind die π-Elektronen über die Phenylringe und die dazwischenliegende Bindung delokalisiert.

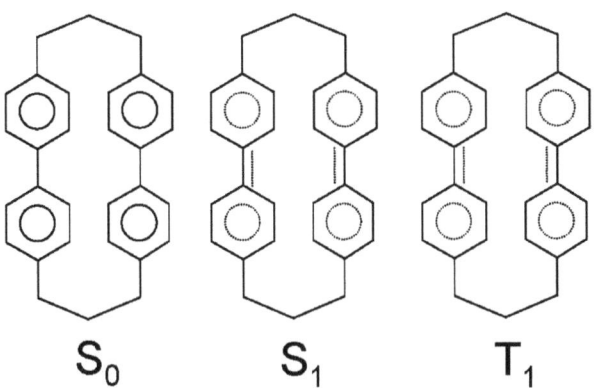

Tab. 5.2). Im Grundzustand von BPP beträgt α ca. 43.7° und ähnelt damit den 42° der DMBP-Grundzustandsstruktur.

Die C–C Bindungslängen der beiden Biphenyleinheiten sind identisch zu den Grundzustandswerten des Monomers, womit auch hier eine Lokalisierung der π-Elektronen auf den einzelnen Phenylringen angenommen werden kann (siehe Abb. 5.7 für die Lewis-Struktur).

Als Messgröße für die Wechselwirkung zwischen den Biphenyleinheiten im BPP wird im Folgenden der Abstand δ zwischen diesen Einheiten herangezogen. Dabei ist δ der Abstand zwischen den Zentren der beiden Biphenyle (siehe Abb. 5.5). Die zugehörigen Werte sind in Tabelle 5.2 angegeben. Im Grundzustand beträgt der Abstand zwischen den beiden Biphenyleinheiten 3.26 Å, was sehr gering im Vergleich zum zweifachen van-der-Waals-Radius von Kohlenstoff (ca. 2×1.85 Å $= 3.7$ Å) ist. Diese Anordnung wird hauptsächlich von den kurzen Methylenbrücken verursacht, welche die Biphenyl-Untereinheiten miteinander verbinden.

Der S_1-Zustand Anders als beim Monomer DMBP wird der S_1-Zustand (1^1B) von BPP von der HOMO$_D$ $\rightarrow$ LUMO$_D$-Anregung dominiert. Die zugehörigen Molekülorbitale von BPP sind in Abbildung 5.4 dargestellt.

Man findet eine gute Übereinstimmung zwischen dem Ansatz des Fluoreszenzspektrums bei 3.70 eV und der berechneten adiabatischen Anregungsenergie aus dem Grundzustand von 3.51 eV. Der vertikale energetische Abstand zwischen S_0 und S_1 an der Geometrie des angeregten Zustandes beträgt

5. Triplett-Excimere von Molekülen mit $\pi - \pi$-Wechselwirkung

2.76 eV und liegt damit 0.3 eV niedriger als die experimentelle Fluoreszenz-Emissionsenergie von 3.10 eV [11]. Die Verschiebung zwischen dem Monomer- und dem Dimer-Fluoreszenzbandenmaximum beträgt -0.5 eV, die theoretischen Vorhersagen sind hingegen mit -1.0 eV für die adiabatische und -1.5 eV für die vertikale Anregungsenergie etwas größer.

Im ersten angeregten Singulettzustand reduziert sich der Verdrillungswinkel α auf ca. 18° und ist damit etwas größer als für DMBP ($\alpha = 8°$) aber erheblich kleiner als im Grundzustand ($\alpha = 44°$). Wie schon beim Monomer findet man auch für das Dimer fast gleich lange Phenyl- und Interphenyl-Bindungsabstände, was für eine Delokalisierung der π-Elektronen über beide Monomeruntereinheiten spricht (für die Lewis-Struktur siehe Abb. 5.7).

Der Abstand zwischen den Biphenyleinheiten δ, der schon im Grundzustand eher klein ist, wird im angeregten Zustand noch deutlich kleiner (2.98 Å) und ist damit 0.72 Å kleiner als der doppelte van-der-Waals-Radius von Kohlenstoff. Dies deutet darauf hin, dass die beiden Monomeruntereinheiten im S_1-Zustand sehr stark miteinander wechselwirken. Der intermolekulare Abstand von ca. 3 Å für parallel angeordnete Dimere wurde schon 1964 von Murrell und Tanaka [146] durch Vergleich von Modellrechnungen für starke Kopplung mit experimentellen Ergebnissen vorgeschlagen.

Der T_1-Zustand Wie schon der S_1-Zustand von BPP und der T_1-Zustand von DMBP wird der T_1-Zustand (1^3B) von BPP von der $HOMO_D \rightarrow LUMO_D$-Anregung dominiert. Die berechnete adiabatische Anregungsenergie aus dem Grundzustand beträgt 2.87 eV, was gut mit dem Beginn der Phosphoreszenz-Bande bei 2.88 eV übereinstimmt. Verglichen mit dem T_1-Zustand von DMBP bedeutet das eine Rotverschiebung um 0.25 eV, wodurch der experimentelle Befund (0.1 eV) etwas überschätzt wird. Der vertikale Energieabstand zwischen dem Grundzustand und dem T_1-Zustand an der T_1-Geometrie beträgt 2.25 eV. Dies stimmt gut mit dem Maximum der Phosphoreszenz bei 2.40 eV [11] überein (0.3 eV niedriger als im Monomer).

Im T_1-Zustand bemerkt man einen deutlichen Unterschied im Vergleich zu DMBP: Während DMBP einen Verdrillungswinkel α von ca. 0° aufweist, findet man im BPP-Molekül einen Winkel von ca. 18°. Allerdings ist dieser Wert dem des S_1-Zustandes sehr ähnlich. Da die Bindungsabstände der beiden Zustände auch identisch sind, scheinen T_1 und S_1 im Falle von BPP den selben Charakter zu haben, während sie sich im Falle von DMBP deutlich unterscheiden (siehe dazu auch Abbs. 5.6 und 5.7). Der berechnete Abstand zwischen den Biphenyleinheiten ist mit 3.03 Å im T_1-Zustand von BPP, ähnlich zu dem im S_1-Zustand, viel keiner als im Grundzustand. Damit erwarten wir für den ersten Triplettzustand eine ähnlich starke Wechselwirkung zwischen den Biphenyleinheiten wie im ersten angeregten Singulettzustand.

5.2.3. Transiente Absorptionsspektren

Zur Diskussion der transienten Spektren ist das Energiediagramm aus Abbildung 5.8 hilfreich. Außerdem sollte man beim Lesen der folgenden Abschnitten die Diskussion der doppelt angeregten Zustände (Kap. 4.2.2) nicht vergessen, auch wenn man im Triplett-Fall davon ausgehen kann, dass die Auswirkungen auf das Spektrum geringer sind als im Singulett-Fall, da die energetisch besonders niedrigen $(HOMO)^2 \rightarrow (LUMO)^2$-Anregungen nicht zu Triplettzuständen beitragen können [153].

Das $S_n \leftarrow S_1$-Spektrum von DMBP Die berechneten Oszillatorstärken der 19 energetisch niedrigsten $S_n \leftarrow S_1$-Übergänge sind im oberen Teil der Abbildung 5.9 als Strichspektrum dargestellt. In der Literatur gibt es kein experimentelles $S_n \leftarrow S_1$-Spektrum, jedoch findet man transiente Absorptionsspektren von unsubstituiertem Biphenyl [154]. Da man davon ausgehen kann, dass die zwei Methylgruppen des DMBP-Moleküls die elektronische Struktur des Biphenyls nicht signifikant beeinflussen, ist zu erwarten, dass die transienten Spektren der beiden Verbindungen sehr ähnlich sind. Aus diesem Grund wird das Biphenylspektrum im Folgenden als Vergleich herangezogen und ist in Abbildung 5.9 eingezeichnet. Details zu den Anregungsenergien und Oszillatorstärken der stärksten Übergänge sind in Tabelle D.1 zusammengefasst. Beide Spektren (das experimentelle Biphenyl-Spektrum und das berechnete DMBP-Spektrum) weisen zwei starke Übergänge auf. Der Stärkere der beiden kann dem Übergang zum sechsten angeregten Zustand zugeordnet werden und hat eine Anregungsenergie von 1.94 eV, was sehr gut mit der niedrigsten experimentellen Bande bei 1.87 eV übereinstimmt. Der zweite Übergang im experimentellen Spektrum bei 3.1 eV über S_1 ($\sim$7.4 eV über S_0) ist sehr dicht am Ionisationspotential von Biphenyl (vgl. Abb. 5.8) und ist daher wahrscheinlich ein Übergang ins Leitungsband. In unserer Rechnung finden wir einen weiteren Übergang mit nichtverschwindender Oszillatorstärke, $10^1A \leftarrow S_1$. Die Gesamtenergie des Endzustandes dieses Übergangs ist mit ca. 7.0 eV über S_0 ein halbes Elektronenvolt unterhalb des Ionisationspotentials von DMBP. Auch im experimentellen Spektrum verschwindet die Absorption in diesem Energiebereich nicht, jedoch erkennt man keine eindeutig separierte Bande.

Das $S_n \leftarrow S_1$-Spektrum von BPP Unseres Wissens gibt es bisher in der Literatur kein transientes $S_n \leftarrow S_1$-Absorptionsspektrum von BPP. Die berechneten $S_n \leftarrow S_1$-Oszillatorstärken von BPP sind im unteren Teil von Abbildung 5.9 als Strichspektrum aufgetragen, die detaillierten Zahlenwerte zu den stärksten Übergängen sind in Tabelle D.1 zusammengefasst. Das Dimerspektrum zeigt drei starke Übergänge, die verglichen mit dem Monomerspektrum leicht rotverschoben sind.

Das $T_n \leftarrow T_1$-Spektrum von DMBP Das transiente Triplett–Triplett-Absorptionsspektrum [11] und das berechnete $T_n \leftarrow T_1$-Spektrum von DMBP sind im oberen Teil der Abbildung 5.10 dargestellt, Details zu den Anregungsenergien und Oszillatorstärken sind in Tabelle D.2 zusammengefasst.

5. Triplett-Excimere von Molekülen mit π – π-Wechselwirkung

Abbildung 5.8 – Energiediagramm für DMBP und BPP. Die Energie der beiden Grundzustände wurde auf 0 eV gesetzt. Die jeweiligen Ionisationspotentiale (IPs) sind als gestrichelte Linie eingezeichnet. Übergänge, die in den transienten Spektren eine nicht unerhebliche Oszillatorstärke zeigen sind mit vertikalen Pfeilen markiert. Mögliche ISC-Kanäle von BPP sind mit Pfeilen zum jeweiligen Triplett-Zustand eingezeichnet. Auf der X-Achse sind die optimierten Strukturen, an welchen die zugehörigen Anregungsenergien berechnet wurden, durch @Struktur angegeben.

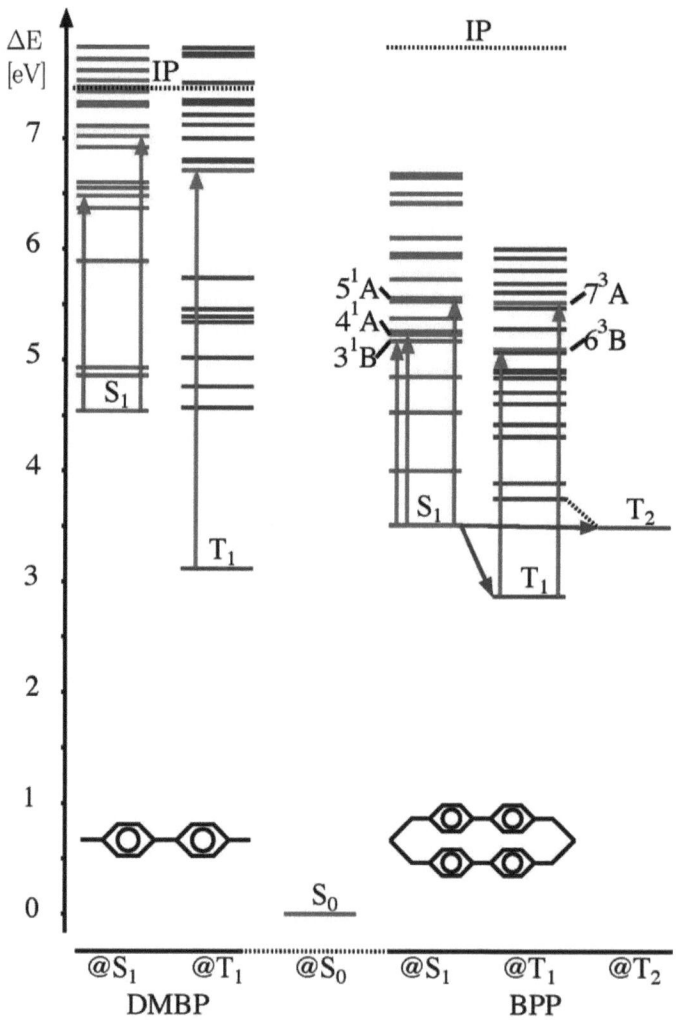

5.2. Excimere von BPP

Abbildung 5.9 – Berechnete $S_n \leftarrow S_1$-Spektren von DMBP und BPP (CC2/cc-pVTZ) sowie das experimentelle transiente Absorptionsspektrum von Biphenyl nach 20 ps. Die berechneten Oszillatorstärken sind als blaue Balken eingezeichnet (Skala auf der linken Y-Achse), die experimentelle Absorption (in beliebigen Einheiten, rechte Y-Achse) basiert auf den Daten aus Lit. 154.

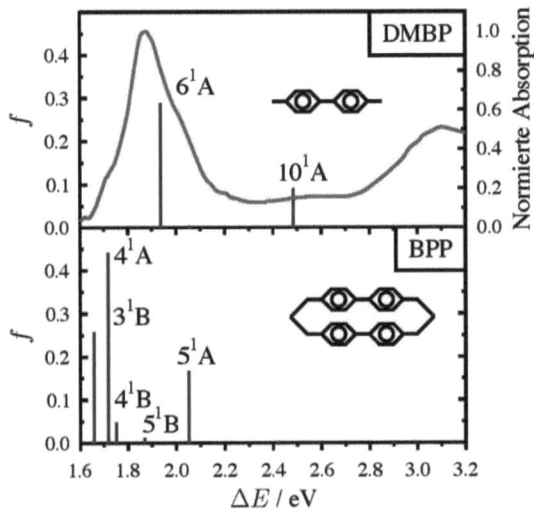

Der Rechnung zufolge liegt demnach der dominante Übergang 3.6 eV über T_1, ein zweiter aber wesentlich schwächerer Übergang wird bei 3.7 eV erwartet. Im experimentellen Spektrum sieht man eine einzige Bande bei ca. 3.3 eV, die sich sehr wahrscheinlich aus Beiträgen der beiden berechneten Übergänge zusammensetzt. Dabei ist anzumerken, dass der T_1-Zustand fast 1.5 eV niedriger ist als der S_1-Zustand und dass sich alle hier erwähnten Triplettübergänge deutlich unterhalb des Ionisationspotentials befinden.

Das $T_n \leftarrow T_1$-Spektrum von BPP Das berechnete $T_n \leftarrow T_1$-Spektrum und das experimentelle transiente Absorptionsspektrum [11] von BPP sind im unteren Teil der Abbildung 5.10 dargestellt. Sowohl das experimentelle als auch das berechnete Spektrum zeigen zwei dominante Übergänge, jedoch beobachten Yamaji und seine Mitarbeiter für diese unterschiedliche Signalabklingzeiten. Das bedeutet, dass die beiden zugehörigen Anregungen nicht (nur) aus dem gleichen Zustand (d. h. aus T_1) erfolgen. In der Arbeit von Yamaji et al. wurde die Bande bei niedriger Energie als Anregung aus einem excimerischen Zustand interpretiert, während die Bande bei höherer Energie einer Anre-

5. Triplett-Excimere von Molekülen mit π – π-Wechselwirkung

Abbildung 5.10 – Berechnete $T_n \leftarrow T_1$-Spektren von DMBP und BPP (CC2/cc-pVTZ) sowie die zugehörigen experimentellen transienten Absorptionsspektren nach 500 ns. Die berechneten Oszillatorstärken sind als blaue Balken eingezeichnet (Skala auf der linken Y-Achse), zusätzlich ist das berechnete $T_n \leftarrow T_2$-Spektrum von BPP auf CC2/cc-pVTZ Niveau mit gestrichelten grünen Balken dargestellt. Die experimentelle Absorption (in beliebigen Einheiten, rechte Y-Achse) basiert auf den Daten aus Lit. 11.

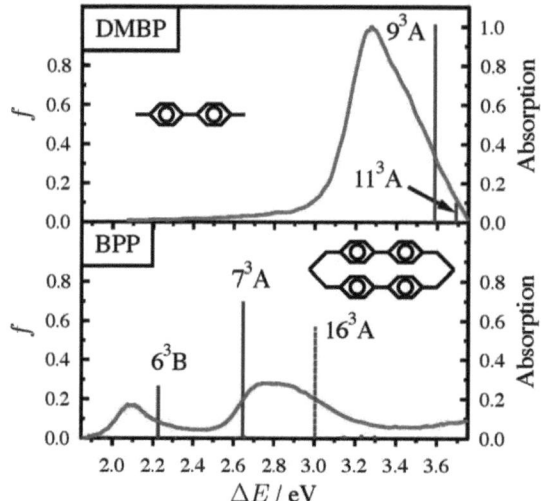

gung aus einem LE-Triplettzustand zugeordnet wird. In unseren Berechnungen ist der T_2-Zustand der niedrigste LE-Triplettzustand (siehe Kap. 5.2.4). Tatsächlich zeigt das berechnete transiente Spektrum aus diesem Zustand (bei T_1-Geometrie) eine starke Absorption bei ca. 3.0 eV (siehe Abb. 5.10). Die experimentelle Bande bei 2.8 eV könnte sich also aus Beiträgen verschiedener angeregter Zustände zusammensetzen, was die unterschiedlichen Signalabklingzeiten erklären würde.

5.2.4. Charakterisierung der Dimerzustände

Von besonderem Interesse ist der Charakter (LE oder CT) des S_1- und des T_1-Zustandes von BPP sowie die Charaktere der Zustände, zu denen die starken Übergänge in den $S_n \leftarrow S_1$- und $T_n \leftarrow T_1$-Spektren auftreten. Deshalb analysieren wir nun die Orbitale, welche in diese Übergänge involviert sind, mit Hilfe der in Abschnitt 5.1 vorgestellten Systematik. Dadurch lässt sich ein interessanter Zusammenhang zum einfachen HOMO/LUMO-Bild aus Abbildung 5.2 herstellen, welcher in Abbildung 5.11 schematisch dargestellt ist. Wie schon beschrieben ist das Monomer-$HOMO_M$ der Grund-

5.2. Excimere von BPP

Abbildung 5.11 – Charakterisierung der wichtigsten Übergänge von BPP.

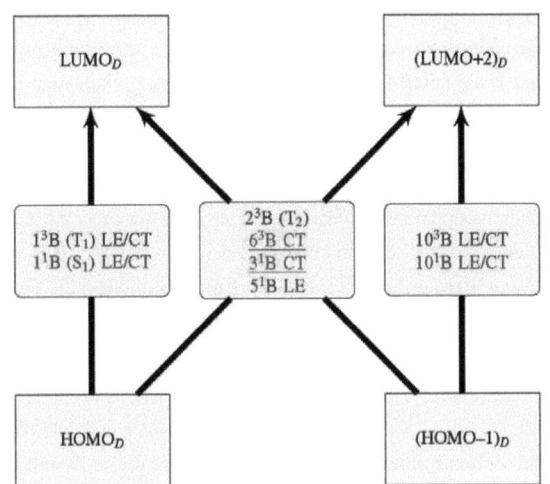

baustein der Dimerorbitale $HOMO_D$ und $(HOMO-1)_D$, wohingegen die unterschiedlichen Linearkombinationen des $LUMO_M$ zu den Molekülorbitalen $LUMO_D$ und $(LUMO+2)_D$ in der Dimerbasis führen (siehe Tab. 5.1). Diese vier Orbitale erzeugen dann wiederum, wie erwartet, vier Singulett- und vier Triplettübergänge (vgl. Kap. 5.1).

Sowohl der S_1- als auch der T_1-Zustand werden durch eine nahezu reine $HOMO_D \rightarrow LUMO_D$-Anregung erzeugt, was, wie in Abschnitt 5.1 beschrieben, auf einen gemischten LE/CT-Charakter schließen lässt. Andererseits ist der T_2-Zustand (2^3B) ein LE-Zustand, der von der positiven Linearkombination von $HOMO_D \rightarrow (LUMO+2)_D$ und $(HOMO-1)_D \rightarrow LUMO_D$ dominiert wird. Der zugehörige Singulettzustand 5^1B (also nicht S_2) kann im $S_n \leftarrow S_1$-Spektrum als schwache Bande beobachtet werden. Die negative Linearkombination von $HOMO_D \rightarrow (LUMO+2)_D$ und $(HOMO-1)_D \rightarrow LUMO_D$ führt zu Singulett- und Triplett-CT-Zuständen (3^1B, 6^3B). Diese beiden Zustände sind in den transienten Spektren als energetisch niedrigste Zustände mit signifikanter Oszillatorstärke zu beobachten. Aus Abbildung 5.8 wird auch deutlich, dass die beiden CT-Zustände, unter Berücksichtigung der leichten Geometrieänderungen von S_1 nach T_1, fast die gleiche Energie haben, was anhand der Diskussion aus Abschnitt 5.1 zu erwarten war. Das Schema aus Abbildung 5.11 wird durch die beiden Zustände 10^1B und 10^3B vervollständigt. Diese Zustände weisen wieder einen gemischten LE/CT-Charakter auf.

Der 4^1A Zustand, also der Endzustand des stärksten Übergangs des transienten S_1-Spektrums ist

5. Triplett-Excimere von Molekülen mit $\pi - \pi$-Wechselwirkung

ebenfalls ein gemischter LE/CT-Zustand, der von der (HOMO–3)$_D$ → LUMO$_D$-Anregung dominiert wird. Für die anderen Zustände, die in den transienten Spektren auftreten ist die Zuordnung nicht so eindeutig, da hier starke Durchmischungen mit anderen Orbitalen auftreten.

Aus der obigen Analyse kann man schließen, dass CT-Beiträge sogar für die niedrigsten angeregten Zustände eine wichtige Rolle spielen. Zusätzlich sieht man keine eindeutige Davidov-Aufspaltung zwischen den LE-Zuständen. Um diese Sachverhalte näher zu beleuchten wird jetzt diskutiert, wie sich das Triplettspektrum mit dem Abstand zwischen den Monomereinheiten verändert. Dazu werden die zwei verbindenden Methylenbrücken in der optimierten T_1-Struktur von BPP entfernt und durch Wasserstoffatome ersetzt, wodurch zwei DMBP Moleküle entstehen. Der Abstand zwischen den beiden Molekülen wird dann schrittweise erhöht und bei jedem Schritt das Spektrum des Supermoleküls auf CC2/cc-pVDZ-Niveau berechnet. Der Einfachheit halber wird dabei die Struktur der Monomere nicht verändert. Die Veränderung der Anregungsenergien unter Dissoziation sind in Abbildung 5.12 dargestellt. Zum Vergleich sind die Anregungsenergien eines DMBP Moleküls am rechten Rand der Grafik eingezeichnet.

Bei großen Abständen ($> \delta_{T_1} + 3$ Å) sieht man entartete Paare von Triplettzuständen, welche die gleiche Energie wie die Monomeranregungen haben. Die Energie dieser Zustände, welche als LE-Zustände charakterisiert werden können, hängt nicht vom Abstand der Monomere ab. Bei hoher Energie findet man Paare von Zuständen mit starker Steigung, welche den Hin- und Rück-CT-Zuständen zugeordnet werden können. Diese Zustände haben keine Entsprechung im reinen Monomerspektrum (siehe rechte Seite der Abb. 5.12).

Bei mittleren Abständen ($\sim \delta_{T_1} + 1$ Å) tritt aufgrund der Dexter-Kopplung die typische Davidov-Aufspaltung auf. Bei sehr kurzem Abstand sieht man schließlich eine starke Durchmischung von CT- und LE-Zuständen, welche zu einer drastischen energetischen Absenkung von LE-Zuständen (z. B. von T_1) führt. Dies soll zusätzlich durch Abbildung 5.13 verdeutlicht werden, in der die Quadrate der Koeffizienten der zwei stärksten Beiträge zum T_1- und T_2-Anregungsvektor aufgetragen sind (vgl. auch Abb. 5.11). Bei großen Abständen sieht man zwei gleich große Beiträge (mit positivem Vorzeichen, also LE-Charakter), wohingegen bei Annäherung an die T_1-Gleichgewichtsgeometrie die HOMO$_D$ → LUMO$_D$-Anregung (obere Linie) einen Beitrag von knapp 90% erreicht (gemischter LE/CT-Charakter). Im Gegensatz dazu bleiben die Beiträge zum T_2-Zustand über den gesamten Bereich fast konstant, genau wie die zugehörige Anregungsenergie (siehe Abb. 5.12), was den LE-Charakter dieses Zustandes bestätigt.

Schließlich wurde untersucht, ob Symmetriebrechung zu einer Lokalisierung der Anregung auf einem der beiden Chromophore von BPP führt. Lokalisierungseffekte dieser Art wurden für schwach gekoppelte Bichromophore aus Perylendiimid beobachtet [155]. Für diese Untersuchung wurde die T_1-Geometrieoptimierung ohne Symmetriebeschränkungen ausgehend von einer symmetriegebrochenen Startstruktur durchgeführt. Dabei erhält man jedoch die selbe Struktur wie im symmetrischen

5.2. Excimere von BPP

Abbildung 5.12 – Die Veränderung der Triplett-Anregungsenergien zweier wechselwirkender DMBP-Moleküle bei Dissoziation zu zwei nicht-wechselwirkenden Molekülen (siehe Text). Startpunkt der Dissoziation ist eine Anordnung, die der T_1-Geometrie von BPP ($\delta = 3.03$ Å) entspricht. Auf der rechten Seite der Abbildung sind die Triplett-Anregungsenergien eines Monomers eingezeichnet.

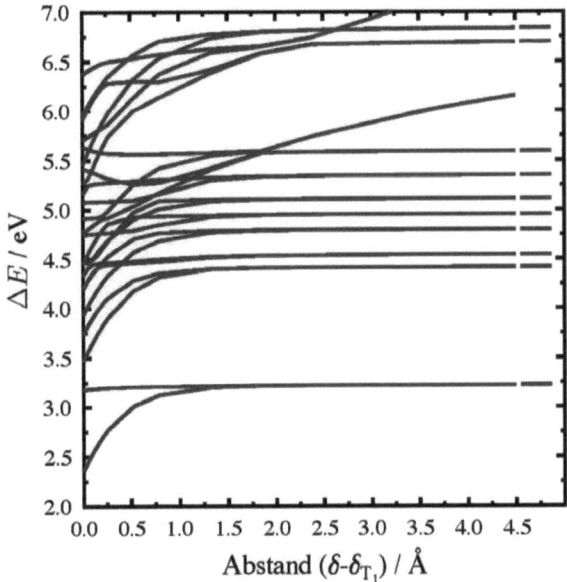

Abstand $(\delta-\delta_{T_1})$ / Å

Fall. In Abbildung 5.14 ist die Differenzdichte zwischen dem Grund- und dem ersten angeregten Triplett-Zustand von BPP an der T_1-Geometrie dargestellt. Die Änderungen der Elektronendichte sind gleichmäßig über das gesamte Molekül verteilt. Zusätzlich sieht man eine Zunahme der Dichte zwischen den Biphenyleinheiten, vor allem in der Region um die zentrale Bindung zwischen den Phenylringen. Das spricht wieder für eine starke $\pi - \pi$-Wechselwirkung, was schon an den kleinen Abständen zwischen den Biphenyleinheiten im angeregten Zustand zu sehen war (siehe Kap. 5.2.2).

5.2.5. Diskussion

Die Rechnungen weisen darauf hin, dass sowohl der S_1- als auch der T_1-Zustand den selben Charakter haben. Es handelt sich bei beiden Zuständen um reine HOMO → LUMO-Übergänge (in der Dimerbasis) und daher um gemischte LE/CT-Zustände. Die Änderungen in der Geometrie der beiden Zustände, vor allem aber der stark verringerte Abstand zwischen den Biphenyleinheiten, deuten stark auf einen excimerischen Charakter dieser Zustände hin. Daraus folgt, dass es in π-*stacking* Systemen

5. Triplett-Excimere von Molekülen mit $\pi - \pi$-Wechselwirkung

Abbildung 5.13 – Die Veränderung des T_1- und des T_2- Anregungsvektors zweier wechselwirkender DMBP Moleküle unter Dissoziation in zwei nicht-wechselwirkende Monomere (siehe Text). Startpunkt der Dissoziation ist eine Anordnung, die der T_1-Geometrie von BPP ($\delta = 3.03$ Å) entspricht. Dabei sind auf der Y-Achse die quadrierten Koeffizienten (C^2) der beiden Orbitalanregungen mit dem größten Beitrag zum Anregungsvektor in Prozent aufgetragen [LUMO$_D$ ← HOMO$_D$ und (LUMO+1)$_D$ ← (HOMO-1)$_D$ für T_1 sowie (LUMO+1)$_D$ ← HOMO$_D$ und LUMO$_D$ ← (HOMO-1)$_D$ für T_2].

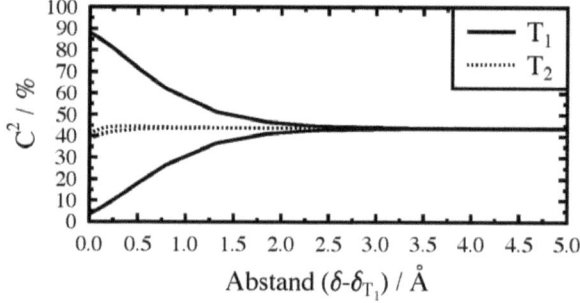

Abbildung 5.14 – Differenzdichte zwischen dem Grundzustand und dem T_1-Zustand von BPP.

Tabelle 5.3 – $T_n \leftarrow S_m$-Spin-Bahn-Matrixelemente (SOMEs, cm^{-1}) und vertikale Energieseparation bei S_0-Geometrie (ΔE, eV) von BPP auf ADC(2)/cc-pVTZ-Niveau. Die jeweils beitragenden kartesischen Komponenten des Spin-Bahn-Operators sind in der letzten Spalte aufgeführt. @*Geometrie* zeigt an, bei welcher Geometrie die jeweilige Rechnung durchgeführt wurde.

S_m T_n	ΔE	SOMEs				Kart. Komp.
	@S_1	@S_1	@S_2	@T_1	@T_2	
S_1 T_1	-0.62	0.01	0.01	0.01	0.01	z
S_1 T_2	0.35 (-0.02^a)	0.05	0.04	0.05	0.05	z
S_1 T_3	0.42	0.06/0.01	0.05/0.04	0.07/0.03	0.08/0.10	x/y
S_1 T_4	0.82	0.30/0.00	0.25/0.01	0.30/0.01	0.33/0.05	x/y
S_2 T_1	-1.13	0.01/0.14	0.01/0.09	0.01/0.12	0.03/0.10	x/y
S_2 T_2	-0.16	0.02/0.07	0.01/0.09	0.01/0.08	0.01/0.07	x/y
S_2 T_3	-0.10	0.01	0.01	0.01	0.03	z
S_2 T_4	0.31	0.11	0.14	0.11	0.21	z

^{a}Adiabatische Anregungsenergie

zu signifikanter Beimischung von CT-Charakter kommen kann, wenn die intermolekularen Abstände zwischen 3 Å (δ_{T_1}) und 4 Å (δ_{T_1} + 1 Å) liegen. Dies ist zum Beispiel ein typischer Abstand zwischen den Molekülen eines organischen Halbleiters.

Die Idee, dass es sich bei den energetisch niedrig liegenden excimerischen Zuständen parallel angeordneter Dimere um gemischte LE/CT-Zustände handelt, ist nicht neu. Bereits Anfang der 1960er Jahre wurde dies von Murrell und Tanaka [146] sowie Azumi *et al.* [156, 157] auf Basis eines Vergleichs von Experimenten mit den Ergebnissen aus Rechnungen mit einem Modell für starke Kopplungen vorgeschlagen.

Dieses Ergebnis widerspricht in Teilen Yamajis Interpretation der experimentellen Spektren [11]. Ausgehend von der starken Rotverschiebung des BPP Fluoreszenzspektrums verglichen mit DMBP wurde geschlussfolgert, dass der S_1-Zustand ein excimerischer Zustand ist, was mit den Ergebnissen unserer Rechnungen übereinstimmt. Die kleine Rotverschiebung im Phosphoreszenzspektrum wurde hingegen zum Anlass genommen den T_1-Zustand als lokale Anregung zu charakterisieren. Unsere Berechnungen zeigen jedoch, dass die Triplett-Excimerbildung nur mit einer sehr kleinen Rotverschiebung der T_1-Energie einhergeht (vgl. Abb. 5.8). Daher ist die geringe Verschiebung nicht zwingend ein Hinweis auf eine lokale Anregung. Für den S_1-Zustand sagen die Rechnung eine starke Absenkung der Energie voraus, auch wenn S_1 und T_1 den selben Charakter ausweisen. Einer der Gründe für diese unterschiedliche Rotverschiebung ist die deutliche Verringerung der Singulett–Triplett-Aufspaltung für Zustände mit gemischtem LE/CT-Charakter (vgl. Kap. 5.1). Daher kann die Phosphoreszenz im experimentellen Spektrum auch von einem excimerischen T_1-Zustand stammen. Wie in Abschnitt 5.2.3 bereits geschildert können wir jedoch nicht völlig ausschließen, dass ein LE-Triplettzustand aufgrund von Lösungsmitteleffekten mit dem Excimer-Zustand energetisch vergleichbar wird.

5. Triplett-Excimere von Molekülen mit π − π-Wechselwirkung

In der Tat weist das transiente Triplett-Absorptionsspektrum von BPP [11] zwei starke Absorptionen auf (Abb. 5.10) die von verschiedenen Triplettzuständen zu stammen scheinen, da ihnen unterschiedliche Signalabklingraten zugeordnet werden (130 µs und 150 µs). Die energetisch höherliegende Absorption wird einem LE-Zustand zugeordnet, während die niedrigere einer Absorption aus dem excimerischen Zustand entspricht. Die, verglichen mit dem DMBP Spektrum, starke Verschiebung des T_1-Zustandes wird auf erhebliche geometrische Veränderungen zurückgeführt. Interessanterweise sagt die Rechnung für das $T_n \leftarrow T_1$-Spektrum von BPP zwei Absorptionen vorher, welche sowohl in Position als auch in Intensität gut mit dem experimentellen Spektrum übereinstimmen. Dadurch lassen sich die unterschiedlichen Signalabklingraten jedoch nicht erklären. Wie schon in Abschnitt 5.2.3 geschildert, stimmt die energetisch höher liegende Absorptionsbande auch mit einer transienten Absorption aus dem LE-Zustand (T_2) überein.

Um dieser Frage weiter nachzugehen wurde die Population des Triplett-Anregungsraumes über *Inter-System Crossing* (ISC) untersucht. Dazu wurden die Spin-Bahn-Matrixelemente (SOMEs) mit Hilfe der in Kapitel 3 beschriebenen Implementierung auf ADC(2)/cc-pVTZ-Niveau berechnet. Die Einelektronen-Spin-Bahn-Integrale wurden dabei mit dem in Kapitel 4.3 beschriebenen Standard-Schema ausgewertet. Da die genaue Molekülstruktur beim ISC nicht bekannt ist, wurden die SOMEs bei verschiedenen Geometrien berechnet (relaxierte S_1-, S_2-, T_1- und T_2-Geometrie).

Die SOMEs von BPP sind weitgehend unabhängig von der verwendeten Molekülgeometrie (siehe Tab. 5.3). Daher ist die Annahme gerechtfertigt, dass sich die Werte an der tatsächlichen Übergangsgeometrie nur unwesentlich von den hier gezeigten unterscheiden. Die SOMEs sind dabei für alle hier berechneten Übergänge sehr klein (≤ 0.33 cm^{-1}; Sauerstoffhaltige Verbindungen mit sehr schnellem ISC haben SOMEs um 40 cm^{-1}, siehe z. B. Lit. 41, 158). Dies weist auf ein eher langsames ISC hin, was sich mit der experimentellen ISC-Rate von $2.2 \cdot 10^{-7} s^{-1}$ [11] deckt. Da die innere Umwandlung (*Internal Conversion*, IC) üblicherweise sehr schnell abläuft, ist ein ISC ausgehend vom S_2-Zustand unwahrscheinlich. Damit kommen unter Energieerhalt beziehungsweise Energiegewinn nur zwei mögliche ISC-Kanäle in Frage. Das SOME von $T_1 \leftarrow S_1$ ist allerdings mit 0.01 cm^{-1} nur ca. ein Fünftel so groß wie das $T_2 \leftarrow S_1$-SOME. Da die SOMEs quadratisch in die ISC-Rate eingehen, kann man davon ausgehen, dass das ISC hauptsächlich über den $T_2 \leftarrow S_1$-Kanal abläuft (siehe auch Abb. 5.15). Da die Rate k eines strahlungslosen Übergangs von einem Ausgangszustand $|i\rangle$ zu den Endzuständen $\{|f\rangle\}$ (siehe Abschnitt 2.5.2)

$$k_{\{f\}\leftarrow i} = \frac{2\pi}{\hbar} \sum_f |\langle i|H_{SO}|f\rangle|^2 |\langle v_i|v_f\rangle|^2 \delta\left(E_i^{(0)} - E_f^{(0)}\right) \quad (5.24)$$

nicht nur quadratisch von den SOMEs abhängt [90–92] sondern auch von den zugehörigen Franck-Condon-(FC-)Faktoren $|\langle v_i|v_f\rangle|^2$, ist eine endgültige Aussage hier ohne die Berechnung der FC-Faktoren nicht möglich. Allerdings spricht die geringe Energiedifferenz von 0.02 eV zwischen S_1 und

Abbildung 5.15 – Schematische Darstellung der niedrigsten angeregten Zustände von BPP. Die wichtigsten Übergänge sind durch Pfeile dargestellt, wobei durchgezogene Linien für Übergänge zwischen Zuständen gleicher Multiplizität und gestrichelte Linien für solche zwischen unterschiedlicher Multiplizität verwendet werden. Der Zustand S_n steht hier sinnbildlich für alle aus dem Grundzustand absorbierenden Singulettzustände.

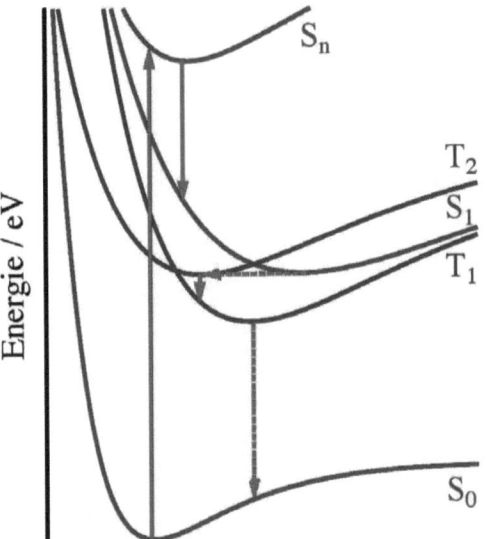

T_2, zusätzlich zum größeren SOME, für eine Dominanz des $T_2 \leftarrow S_1$-Übergangs. Diese energetische Fastentartung könnte sogar auf eine Durchschneidung der beiden Zustände hinweisen, was das ISC zwischen den Zuständen weiter verstärken würde.

Aus diesen Ergebnissen könnte eine Population des T_2-Zustandes allerdings nur dann motiviert werden, wenn die IC von T_2 nach T_1 sehr langsam abliefe, wofür es aber bisher keine Anhaltspunkte gibt. Von daher wäre eine andere Erklärung für die Absorption aus einem LE-Zustand, wie zum Beispiel ein gewisser Gehalt an nur einfach verbrückten Biphenylen in der Probe, nicht auszuschließen.

5.3. Das Triplett-Excimer von Naphthalin

Nachdem im vorigen Kapitel ein verbrücktes Dimer mit fest vorgegebener Anordnung der beiden Monomereinheiten zueinander untersucht wurde und dabei eine gute Übereinstimmung von Theorie und Experiment festgestellt werden konnte, wird im Folgenden ein freies Triplett-Excimer untersucht, bei dem die gegenseitige Anordnung der Monomere nicht endgültig geklärt ist. Dabei handelt es sich um das Triplett-Excimer von Naphthalin, welches ein interessantes Modellsystem für die Wechselwir-

5. Triplett-Excimere von Molekülen mit $\pi - \pi$-Wechselwirkung

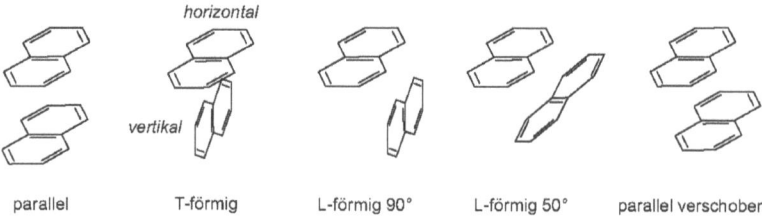

Abbildung 5.16 – Die in dieser Arbeit untersuchten Anordnungen des Naphthalin-Dimers.

kung zwischen Molekülen mit ausgedehnten π-Elektronensystemen im angeregten Zustand ist. Dabei stellt sich heraus, dass bei diesem Modellsystem die beiden Grenzfälle der starken und der schwachen Kopplung (siehe auch Kap. 5.1) allein abhängig von der Anordnung der beiden Monomere auftreten, je nachdem wie stark die Wechselwirkung der π-Elektronensysteme in der jeweiligen Anordnung ist (s. u.). Über eine Vorgabe der Dimerkonformation lassen sich so auch Excimere mittlerer Kopplungsstärke einstellen, zum Beispiel durch verbrückte Naphthalin-Dimere [57–59, 61, 159–161].

Zusätzlich ist bei der Untersuchung des Naphthalin-Dimers von Vorteil, dass es viele experimentelle [16, 54–59, 61, 159–165] und einige theoretische Arbeiten [14, 57] zu dessen Excimer-Bildung im Triplettzustand gibt. Ende der 1980er Jahre wurde die Existenz des Triplett-Excimers von Naphthalin noch diskutiert [54–57, 162–164]. Inzwischen ist die Triplett-Excimerbildung von Naphthalin unter verschiedenen Bedingungen und für verschiedene Dinaphthyl-Verbindungen belegt [14, 16, 58, 59, 61, 159–161, 165].

Die experimentelle Arbeit von Terazima, Cai und Lim [165] beschäftigt sich mit der Untersuchung kovalent verbrückter Naphthalin-Dimere unter Verwendung von zeitaufgelöster elektroparamagnetischer Resonanzspektroskopie (TREPR), Phosphoreszenz- und transienter Absorptionsspektroskopie. Ausgehend von der Interpretation dieser Spektren konnte eine Excimerbildung gezeigt werden, woraus geschlussfolgert wurde, dass die bevorzugte Anordnung der beiden Monomere eine L-förmige Konformation ist (siehe Abb. 5.16). Dies wurde aber von East und Lim auf der Grundlage semi-empirischer und *ab initio* quantenchemischer Rechnungen bezweifelt [14], aus deren Ergebnissen eine parallele Anordnung der beiden Monomere als wahrscheinlich hervorging. Diese These wird von der Arbeit von Hashimoto und Yamaji [16] unterstützt, in der Naphthalin-Dimere durch Einlagerung in Zeolithe in eine näherungsweise koplanare Anordnung gebracht wurden und in dieser Konformation Excimer-Phosphoreszenz beobachtet wurde.

5.3. Triplett-Excimer von Naphthalin

In der vorliegenden Arbeit wurden fünf verschiedene Anordnungen des Naphthalin-Dimers untersucht (siehe Abb. 5.16 v. l. n. r.):

- Eine parallele koplanare Anordnung mit der molekularen Symmetriepunktgruppe D_{2h}. Diese Anordnung wird oft als *Face-to-Face* Anordnung bezeichnet und daher in dieser Arbeit auch mit F2F abgekürzt.

- Eine T-förmige Anordnung mit der molekularen Punktgruppe C_{2v}. Dabei sind die langen Achsen der Moleküle parallel, die kurzen sind senkrecht zueinander und angeordnet wie im Buchstaben T.

- Eine L-förmige Anordnung, die der T-förmigen Anordnung ähnelt, nur dass hier die kurzen Achsen angeordnet sind wie im Buchstaben L. Diese Konformation wird hier als 90° L-förmig bezeichnet und hat die Punktgruppe C_s.

- Als Übergang zwischen der F2F und der 90° L-förmigen Anordnung wird eine Konformation mit einem Winkel von ca. 50° zwischen den kurzen Achsen untersucht. Diese wird als 50° L-förmig bezeichnet und hat ebenfalls C_s als molekulare Punktgruppe.

- Eine parallel-verschobene Anordnung, deren Monomere ausgehend von der koplanaren Anordnung in der Molekülebene leicht entlang der kurzen und langen Molekülachse gegeneinander verschoben sind.

In der F2F-Anordnung erwartet man sehr starke Dispersionswechselwirkungen [165] und maximale $\pi - \pi$-Überlappung. Zusätzlich wurde diese Konformation als bevorzugte Anordnung des Singulett-Excimers festgestellt [57] und als bevorzugte Konformation des Triplett-Excimers vorgeschlagen [14]. Für das T-förmige Dimer nimmt man eine optimale elektrostatische Wechselwirkung zwischen den positiven Partialladungen auf den Wasserstoffatomen des *vertikalen* (siehe Abb. 5.16) und dem partiell negativ geladenen π-Elektronensystem des *horizontalen* Monomers an [165]. Viele der kovalent verbrückten Dimere, wie zum Beispiel das Agosta-Dimer [166], sind L-förmig angeordnet und haben einen Winkel von $\geq 90°$. Dies konnte durch TREPR-Spektren gezeigt werden [165]. Die parallel-verschobene Anordnung wurde ausgehend von CCSD(T)-Rechnungen als die stabilste Grundzustandsstruktur vorgeschlagen [167]. Andere Konformationen, wie zum Beispiel das kreuzförmige Dimer (die langen Achsen sind hier senkrecht zueinander, die Molekülebenen sind parallel zueinander), wurden in der vorliegenden Arbeit nicht betrachtet, da bereits durch den Vergleich von Emissionscharakteristiken zwischen dem Naphthalin-Dimer und dem Agosta-Dimer gezeigt wurde, dass die langen Achsen im Triplett-Excimer nahezu parallel ausgerichtet sind [57].

5. Triplett-Excimere von Molekülen mit $\pi - \pi$-Wechselwirkung

Abbildung 5.17 – Definitionen der Bindungslängen und Nummerierung der Kohlenstoffatome im Naphthalin.

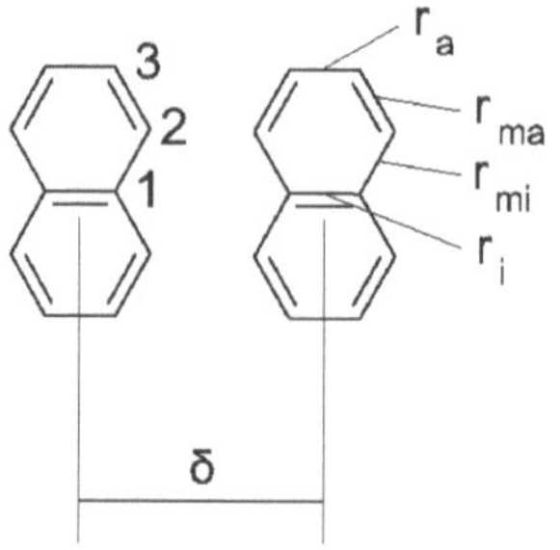

5.3.1. Strukturen und Eigenschaften

In diesem Abschnitt werden kurz die optimierten Strukturen und die Eigenschaften der oben beschriebenen Dimerkonformationen diskutiert. Durch die Bestimmung der Reorganisationsenergie von Naphthalin und der elektronischen Kopplung zwischen den Monomeren lässt sich eine Zuordnung bezüglich der Kopplungsstärke der Dimere treffen (vgl. Kap. 5.1).

Das Naphthalin-Monomer Die Struktur des Naphthalin-Monomers im D_{2h}-symmetrischen Grundzustand zeichnet sich vor allem durch stark alternierende Bindungslängen aus. Dabei findet man eine sehr kurze Bindungslänge $r_{ma} = 1.38$ Å zwischen den Kohlenstoffatomen C_2 und C_3 und eine vergleichsweise lange Bindung $r_a = 1.41$ Å zwischen C_3 und $C_{3'}$ (vgl. Abb. 5.17 und Tab. 5.4). Diese Werte stimmen gut mit den Werten aus der Kristallstruktur von Cruickshank $r_{ma} = 1.36$ Å und $r_a = 1.42$ Å überein [168]. Die Reihenfolge der Alternierung ändert sich im ersten angeregten Triplettzustand, welcher auch D_{2h}-symmetrisch ist, aber wie B_{2u} transformiert (d. h. der Übergang ist entlang der kurzen Molekülachse polarisiert). Hierbei zeigen die Rechnungen für $r_{ma} = 1.44$ Å eine deutlich längere Bindung als im Grundzustand, während $r_a = 1.36$ Å wesentlich kürzer ist. Diese charakteristischen Bindungslängen werden im Folgenden dazu herangezogen die Anregungen der Dimere mit Hilfe ihrer relaxierten Geometrie zu untersuchen.

Unsere Berechnungen liefern eine vertikale Energieseparation des T_1-Zustands vom Grundzustand bei der Grundzustandsgeometrie von 3.27 eV. Die adiabatische Anregungsenergie beträgt 2.90 eV, was in guter Übereinstimmung mit dem Beginn der experimentellen Phosphoreszenz (in Lösung) bei 2.65 eV [169, 170] und der 0-0-Bande des Phosphoreszenz-Anregungsspektrums (einer kristallinen Probe) bei 2.63 eV [171] ist.

Die Reorganisationsenergie λ ist eine Monomergröße, welche in Kombination mit der elektroni-

5.3. Triplett-Excimer von Naphthalin

Tabelle 5.4 – C–C Bindungslängen des S_0- und T_1-Zustandes des Naphthalin-Monomers und seiner Dimere sowie der Abstand δ der Monomere im Dimer in Å (siehe Abb. 5.17 zur Definition der Bindungslängen und des Abstandes). Die Geometrieoptimierungen wurden auf MP2/cc-pVTZ-Niveau für den Grundzustand bzw. auf ADC(2)/cc-pVTZ-Niveau für den angeregten Zustand durchgeführt. In der letzten Spalte ist die geometrische Verwandtschaft der jeweiligen Monomereinheit im Vergleich zum Grund- (S_0) und T_1-Zustand von Naphthalin sowie zum T_1-Zustand des F2F-Naphthalin-Dimers (D) angegeben.

Anordnung	Sym.	Zustand	r_i	r_{mi}	r_{ma}	r_a	δ	
Monomer	D_{2h}	S_0	1.43	1.41	1.38	1.41		S_0
		S_0 (exp.[a])	1.41	1.43	1.36	1.42		
		T_1 (1^3B_{2u})	1.44	1.41	1.44	1.36		T_1
Kation	D_{2h}		1.43	1.40	1.40	1.39		
Anion	D_{2h}		1.43	1.42	1.38	1.41		
Parallel (F2F)	D_{2h}	T_1 (1^3B_{3g})	1.44	1.41	1.41	1.38	3.08	D
T-förmig[b] (vertikal)	C_{2v}	T_1 (1^3B_2)	1.43	1.41	1.38	1.41	4.83	S_0
(horizontal)			1.44	1.41	1.44	1.36		T_1
T-förmig[c] (vertikal)	C_{2v}	T_1 (1^3A_1)	1.44	1.41	1.44	1.36	4.83	T_1
(horizontal)			1.43	1.41	1.38	1.41		S_0
L-förmig $50°$[de]	C_s	T_1 ($1^3A'$)	1.44	1.43	1.39	1.43	4.57	
			1.46	1.42	1.45	1.38		
L-förmig $90°$[de]	C_s	T_1 ($1^3A'$)	1.43	1.41	1.38	1.41	5.99	
			1.44	1.41	1.44	1.36		

[a] Werte aus der Naphthalin-Kristallstruktur, Lit. 168.
[b] Die Anregung ist auf der horizontalen Monomereinheit lokalisiert.
[c] Die Anregung ist auf der vertikalen Monomereinheit lokalisiert.
[d] Keine optimierte Struktur. Geometrieoptimierung liefert die F2F-Anordnung. Für Details siehe Text.
[e] Hier ist die Geometrie angegeben, die zur Berechnung der Eigenschaften verwendet wurde.

schen Kopplung eine Klassifizierung der Kopplungsstärke in einem Dimer ermöglicht (siehe Kap. 5.1 sowie Abb. 5.1). Für Naphthalin beträgt der berechnete Energiegewinn 0.36 eV für die Relaxation des Systems vom vertikalen Anregungspunkt (mit fester S_0-Geometrie) zur T_1-Geometrie. Im Grundzustand beträgt der Energiegewinn bei der Relaxation vom vertikalen Emissionspunkt (mit fester T_1-Geometrie) zur Grundzustandsgeometrie 0.37 eV. Dies ergibt für die gesamte Reorganisationsenergie von T_1 einen Wert von $\lambda = 0.73$ eV.

Zusätzlich zum neutralen Naphthalin-Monomer wurden auch die Strukturen der einfach geladenen Ionen optimiert. Während die Geometrie des Anions nahezu identisch zur Grundzustandsgeometrie des neutralen Naphthalins ist, weist das Kation einige kleinere Änderungen verglichen zum Grundzustand auf (siehe Tab. 5.4). Die nur sehr kleinen Änderungen bedingen eine sehr kleine Reorganisationsenergie für den Ladungstransport (Elektronentransport: $\lambda_{el} = 0.01$ eV; Lochtransport: $\lambda_{loch} = 0.17$ eV) verglichen mit der des Triplett-Excitonentransports ($\lambda = 0.73$ eV).

Tabelle 5.5 – Bindungsenergien (BEs) des Naphthalin F2F- und T-förmigen Dimers sowie des koplanar gestapelten Naphthalin-Trimers und -Tetramers. Zusätzlich sind die BEs pro Monomer (BE[mono]) aufgeführt sowie der Basissatzsuperpositionsfehler (BSSE) und die BSSE-korrigierten Werte für die BEs (cp-BE, cp-BE[mono]). Alle Rechnungen wurden auf CC2/cc-pVTZ-Niveau durchgeführt. Alle Angaben sind in eV.

Anordnung	Zustand	BE	BE[mono]	BSSE	cp-BE	cp-BE[mono]
Dimer:						
F2F	S_0	0.37	0.19			
	T_1	0.73	0.37	0.17	0.56	0.28
T-förmig	S_0	0.35	0.19			
	T_1	0.35	0.19	0.08	0.27	0.14
Trimer:						
F2F	T_1	1.27	0.42	0.34^a	0.93^a	0.31^a
Tetramer:						
F2F	T_1	1.74	0.43	0.51^a	1.23^a	0.31^a

[a] Dieser Wert wurde ausgehend vom BSSE des F2F-Dimers abgeschätzt.

Das Dimer im Grundzustand Für das Grundzustandsdimer existieren nur wenige experimentelle Arbeiten und seine Struktur konnte experimentell nicht endgültig bestimmt werden [172–175]. Jedoch gibt es einige theoretische Arbeiten zu diesem Thema [167, 176–181], wobei die wahrscheinlich genausten Berechnungen von Tsuzuki et al. [167] mit Hilfe eines MP2- und CCSD(T)-Extrapolations-Schemas durchgeführt wurden, wodurch das Basissatzlimit der Bindungsenergie approximiert werden soll. Deren Ergebnisse deuten auf eine parallel-verschobene Anordnung als stabilste Konformation hin. Die BSSE-korrigierte Bindungsenergie beträgt demnach 0.25 eV bei einem Abstand von 3.9 Å zwischen den Molekülebenen.

Das F2F-Excimer Die Geometrieoptimierung im angeregten Zustand ergibt einen D_{2h}-symmetrischen T_1-Zustand (1^3B_{3g}) für das F2F-Dimer. Dabei liegen die C–C-Bindungslängen in etwa beim Durchschnitt der jeweiligen Bindungslänge des Monomers im S_0- und T_1-Zustand (siehe Tab. 5.4). Der durchschnittliche Abstand der beiden Monomereinheiten beträgt 3.08 Å und ist damit deutlich kleiner als der doppelte van-der-Waals-Radius von Kohlenstoff (ca. 3.7 eV). Dabei sind die beiden Naphthalinmoleküle nicht völlig planar: der Abstand zwischen den zentralen Kohlenstoffatomen C_1 (siehe Abb. 5.16) beträgt 3.08 Å, der zwischen den mittleren Kohlenstoffatomen C_2 3.04 Å und der zwischen den äußeren Kohlenstoffatomen C_3 3.13 Å. Die starke Anziehung an der C_2-Position wird durch eine erhöhte Elektronendichte zwischen den Monomereinheiten in diesem Bereich verursacht, wie man anhand der $T_1 \leftarrow S_0$-Differenzdichte sehen kann (Abb. 5.18). Die hier gefundenen Bindungslängen und die kleinen Abstände zwischen den Monomeren sind dabei ganz ähnlich zu denen des BPP-Moleküls (siehe Kap. 5.2.2).

5.3. Triplett-Excimer von Naphthalin

Abbildung 5.18 – $T_1 \leftarrow S_0$-Differenzdichte des F2F-Naphthalin-Dimers.

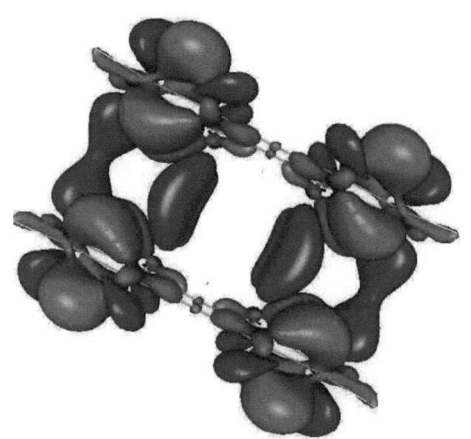

Die adiabatische Anregungsenergie des T_1-Zustandes beträgt 2.54 eV, weshalb man einen um 0.36 eV rot-verschobenen Beginn der Phosphoreszenz im Vergleich zum Monomer erwarten würde. Allerdings transformiert der T_1-Zustand wie die B_{3g} irreduzible Darstellung von D_{2h}. Die Auswahlregeln für die Phosphoreszenz fordern aber, dass ein phosphoreszierender Triplettzustand wie B_{1u}, B_{2u} oder B_{3u} transformieren muss. Daher ist die Phosphoreszenz aus T_1 symmetrieverboten, weshalb diese auch in keiner Modellverbindung beobachtet werden konnte [170]. Ausnahme ist hier das Experiment von Hashimoto und Yamaji [16], in dem es durch Einlagerung von verbrückten Naphthalin-Dimeren in Zeolithe mit Schwermetallkationen gelang, excimerische Phosphoreszenz von nahezu koplanaren Dimeren zu messen.

Die BSSE-korrigierte Bindungsenergie des F2F-Dimers beträgt auf CC2/cc-pVTZ-Niveau 0.56 eV (siehe Tab. 5.5), das Dimer ist also im T_1-Zustand wesentlich stärker gebunden als im Grundzustand (0.25 eV [167]). Die Bindung wird dabei durch die in Kapitel 5.1 eingeführte elektronische Kopplung V deutlich verstärkt. Für symmetrische Dimere kann V als die Hälfte der Aufspaltung zwischen dem T_1- und dem T_2-Zustand des F2F Dimers berechnet werden, man erhält so $V = 0.44$ eV.

Da dieser Wert für die elektronische Kopplung mehr als doppelt so groß ist wie $\lambda/4 = 0.18$ eV, kann man das Naphthalin-Triplett-Excimer in der koplanaren Anordnung dem Grenzfall der starken Kopplung zuordnen (Rechte Seite in Abb. 5.1). Dies stimmt auch mit den Ergebnissen der Geometrieoptimierung überein, bei der die D_{2h}-Symmetrie unabhängig von der vorgegebenen Startgeometrie zurückgewonnen wurde. Das heißt es gibt für diese Anordnung nur ein Minimum und die Anregung

5. Triplett-Excimere von Molekülen mit $\pi - \pi$-Wechselwirkung

ist in diesem Fall über beide Monomereinheiten delokalisiert. Dies kann mit Hilfe der $T_1 \leftarrow S_0$-Differenzdichte (Abb. 5.18) verdeutlicht werden, da die Änderungen der Elektronendichte sich über das gesamte Dimer erstrecken. Aufgrund der starken $\pi - \pi$-Wechselwirkungen und der dadurch bedingten starken Kopplung ist sogar eine deutliche Zunahme der Elektronendichte zwischen den Monomeren zu beobachten.

Für eine korrekte Beschreibung intermolekularer Wechselwirkungen sind diffuse Basisfunktionen unerlässlich. Aus diesem Grund wurden einige Berechnungen mit der aug-cc-pVTZ-Basis durchgeführt. Allerdings sind die so erhaltenen Ergebnisse sehr ähnlich zu denen der cc-pVTZ-Basis. So ist zum Beispiel die vertikale T_1-Anregungsenergie mit der aug-cc-pVTZ-Basis nur ca. 0.03 eV niedriger als mit der cc-pVTZ-Basis. Von daher scheint es legitim hier zugunsten der Rechenzeit auf die Verwendung zusätzlicher diffuser Funktionen zu verzichten.

Das T-förmige Dimer Die obigen Ergebnisse für das F2F-Dimer unterscheiden sich grundlegend von denen des T-förmigen Dimers: für die T-förmige Anordnung finden wir zwei fast-entartete Minima (Energieunterschied $\ll 0.01$ eV). Im Falle des einen Minimums sind die C−C-Bindungslängen der *vertikalen* Monomereinheit (bezogen auf Abb. 5.16) identisch zu denen des Monomer-Grundzustandes, während die der *horizontalen* Einheit (bezogen auf Abb. 5.16) identisch zu denen des T_1-Zustandes des Monomers sind. Dies deutet auf eine komplette Lokalisierung der Anregungsenergie auf die *horizontale* Naphthalineinheit hin. Das Gegenteil findet man für das zweite Minimum, hier ist die *vertikale* Einheit wie die T_1-Struktur des Monomers aufgebaut und die *horizontale* Einheit entspricht der Struktur des Grundzustands. Der Abstand zwischen den Schwerpunkten der beiden Monomere beträgt 4.83 Å (für beide Minima), der kürzeste intermolekulare H−C Abstand ist mit 2.72 Å deutlich kleiner. Die Bindungsenergie ist mit 0.27 eV nur ungefähr halb so groß wie für das F2F-Dimer (siehe Tab. 5.5) und ist damit vergleichbar zur Bindungsenergie des Grundzustand-Dimers von Tsuzuki *et al.* (0.25 eV) [167]. Dass es sich bei der C_{2v}-symmetrischen T-förmigen Struktur nicht nur um einen Sattelpunkt zwischen zwei C_s-symmetrischen L-förmigen Strukturen handelt, wurde mittels einer Berechnung der Hessematrix nachgewiesen.

Die elektronische Kopplung V zwischen dem T_1- und dem T_2-Zustand wurde mit Hilfe des FED-Ansatzes von Hsu *et al.* [182] bestimmt, allerdings ist die Kopplung in diesem Fall viel kleiner als 1 meV und damit vernachlässigbar klein. Dieses Ergebnis ist aufgrund der sehr geringen Überlappung der Wellenfunktionen der angeregten (hypothetisch diabatischen) Zustände nicht überraschend. Zusammen mit der großen Reorganisationsenergie von Naphthalin kann die T-förmige Anordnung also eindeutig dem Regime der schwachen Kopplung zugeordnet werden (Linke Seite in Abb. 5.1), was auch mit den beiden Minima der Geometrieoptimierung übereinstimmt. Die dadurch erwartete Lokalisierung der Anregung auf eines der beiden Monomere (abhängig vom jeweiligen Minimum) kann mit den $T_1 \leftarrow S_0$-Differenzdichten der beiden Minima bestätigt werden (siehe Abb. 5.19).

5.3. Triplett-Excimer von Naphthalin

Abbildung 5.19 – $T_1 \leftarrow S_0$-Differenzdichten der beiden Minima des T_1-Zustandes des T-förmigen Naphthalin-Dimers.

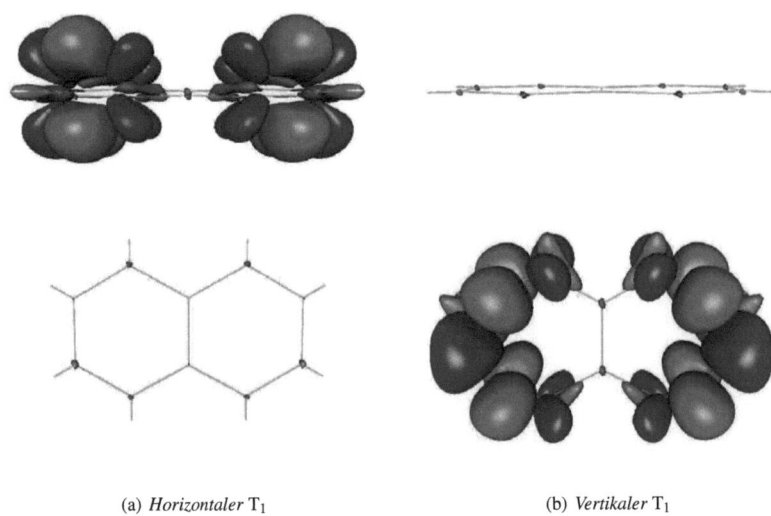

(a) *Horizontaler* T_1

(b) *Vertikaler* T_1

Die L-förmigen und parallel-verschobenen Dimere Die beiden L-förmigen und die parallel-verschobene Anordnungen der Monomere sind im ersten angeregten Triplettzustand keine stabilen Konformationen. Die Geometrieoptimierung führt für alle drei zur D_{2h}-symmetrischen Struktur des F2F-Triplett-Excimers. East und Lim fanden auf CIS-Niveau ein Minimum für die 90° L-förmige Konformation bei einem Abstand von 6 Å [14]. Die Untersuchungen für die L-förmigen Anordnungen werden im Folgenden daher mit den Geometrien aus den Tabellen D.3 und D.4 (siehe auch Tab. 5.4) fortgesetzt, da diese Anordnungen wichtig für die Interpretation der experimentellen Ergebnisse kovalent verbrückter Dimere, wie zum Beispiel des Agosta-Dimers [166] oder der Zyklophane [170], sind.

5.3.2. Lösungsmitteleffekte auf die Bindungsenergie

Da lokal angeregte Zustände schwach gekoppelter Chromophore oft zu einer Lokalisierung auf einem der beiden Monomere tendieren (wie z. B. der T_1-Zustand des T-förmigen Dimers) erwartet man, dass diese Zustände polarer sind als die völlig delokalisierten LE/CT-Zustände des D_{2h}-symmetrischen Dimers ohne permanentem Dipolmoment. Von daher ist die Frage nach einer unterschiedlichen Wechselwirkung der verschiedenen Zustände mit einem Lösungsmittel legitim.

Diese unterschiedliche Wechselwirkung könnte zum Beispiel zu einer zusätzlichen Stabilisierung

5. Triplett-Excimere von Molekülen mit $\pi - \pi$-Wechselwirkung

Tabelle 5.6 – COSMO-CC2/cc-pVTZ-Solvatationsenergien $E^{\text{sol}} = E^{\text{im Vakuum}} - E^{\text{in Lösung}}$ des F2F- und T-förmigen Naphthalin-Dimers sowie des Monomers im S_0- und T_1-Zustand.

Anordnung	E^{sol} / eV	
	$\varepsilon = 2.38$	$\varepsilon = 4.81$
F2F T_1	0.12	0.19
T-förmig T_1	0.14	0.22
Monomer T_1	0.08	0.12
Monomer S_0	0.08	0.12

des T_1-Zustandes des T-förmigen Dimers führen (Dipolmoment: 0.71 D), welche die Stabilisierung des F2F-Excimers durch die starke elektronische Kopplung (über-)kompensiert. Um dies zu untersuchen wurden COSMO-Rechnungen [183] mit $\varepsilon = 2.38$[18] und $\varepsilon = 4.81$[19] in Zusammenarbeit mit Bernd Lunkenheimer durchgeführt [184]. Die technischen Details sind im Anhang D beschrieben. Dabei zeigt sich eine lösungsmittelbedingte Verschiebung der Bindungsenergien um 0.14 eV ($\varepsilon = 2.38$) und 0.22 eV ($\varepsilon = 4.81$) für die T-förmige Anordnung sowie um 0.12 eV ($\varepsilon = 2.38$) und 0.19 eV ($\varepsilon = 4.81$) für die parallele Konformation im T_1-Zustand (siehe Tab. 5.6). Der T_1-Zustand ist also bei der T-förmigen Struktur nur unwesentlich stärker stabilisiert als bei der koplanaren Struktur, weshalb man nicht davon ausgehen kann, dass der Unterschied in der Bindungsenergie von ca. 0.3 eV durch Lösungsmitteleffekte stark beeinflusst wird.

Die Solvatationsenergien der beiden angeregten Dimere (T-förmig und F2F) sind dabei um 0.02-0.06 eV kleiner als die Summe der S_0- und T_1-Monomer-Solvatationsenergien. Der energetische Beitrag des Lösungsmittels zur Excimerbildung ist positiv (destabilisierend), aber klein im Vergleich zur Bindungsenergie. Somit erwartet man keine signifikanten Unterschiede zwischen der Excimerbildung im Lösungsmittel und unseren Rechenergebnissen im Vakuum.

Auch für Lösungsmittel mit höherer Polarität findet keine signifikante zusätzliche Stabilisierung des T_1-Zustandes der T-förmigen Anordnung im Vergleich zur koplanaren Konformation statt. Für $10 \leq \varepsilon \leq 80$ ist der Energieunterschied zwischen den beiden Strukturen im T_1-Zustand nahezu konstant (ca. 0.34 eV).

Eine weitere interessante Fragestellung ist, ob in Lösung der lokale T_2-Zustand des F2F-Dimers im Vergleich zum LE/CT gemischten T_1-Zustand deutlich stärker stabilisiert wird. Immerhin wäre das Dipolmoment dieser Verbindung bei hypothetischer vollständiger Ladungsseparation ca. 15 D, und obwohl solch eine komplette Separation nicht erreicht wird, ist eine teilweise Ladungstrennung aufgrund einer lokalisierten Anregung denkbar. Zur Klärung dieser Fragestellung wurde ein koplanar angeordnetes Dimer konstruiert, wobei eines der beiden Monomere die optimierte Kation-

---

[18] Dieser Wert entspricht in etwa einer Simulation von Toluol, welches als Lösungsmittel für die Spektren aus Lit. 13 diente.

[19] Dieser Wert entspricht in etwa der Simulation von z. B. Chloroform, also einem etwas polareren Lösungsmittel.

5.3. Triplett-Excimer von Naphthalin

Struktur (Ladung +1, ADC(2)/cc-pVTZ) und das andere die optimierte Anion-Struktur (Ladung −1, ADC(2)/aug-cc-pVTZ am Kohlenstoff, cc-pVTZ am Wasserstoff) aufweist. Als Abstand zwischen den beiden Monomeren wurde der Abstand des optimierten D_{2h}-symmetrischen F2F T_1-Zustandes verwendet ($\delta = 3.08$ Å). Allerdings stellt sich das Dipolmoment dieser Anordnung im angeregten Zustand als sehr klein heraus (< 0.02 D). Das Dipolmoment wird durch die Einbettung dieses Dimers in ein Lösungsmittel weiter verringert (< 0.01 D für alle Werte von ε), weshalb ein deutliche Stabilisierung eines lokal angeregten Zustandes nicht zu erwarten ist.

Zusätzlich wurde das Dipolmoment des Kation-Anion-Dimers in Lösung ($\varepsilon = 2.38$) bei verschiedenen Abständen berechnet, um eine eventuelle Stabilisierung polarer Anregungen bei größerem Abstand zu untersuchen. Allerdings wurde keine deutliche Veränderung im Dipolmoment festgestellt (≤ 0.01 D für alle Abstände).

Zusammenfassend kann keine signifikante Stabilisierung von LE-Zuständen im Vergleich zu delokalisierten LE/CT-Zuständen durch Lösungsmitteleffekte festgestellt werden, weshalb die Excimerbildung durch Lösungsmittel kaum beeinflusst wird. Damit bleibt die D_{2h}-symmetrische koplanare Anordnung auch in Lösung die stabilste Konformation des T_1-Zustandes.

5.3.3. Transiente Absorptionsspektren

Die Ergebnisse aus Abschnitt 5.3.1 deuten auf die Existenz eines stark gebundenen F2F-Excimers hin, welches deutlich andere spektroskopische Eigenschaften als das Naphthalin-Monomer aufweisen sollte. Zum Nachweis der Triplett-Excimere hat sich neben der Phosphoreszenz- vor allem die transiente Absorptionsspektroskopie etabliert. Wang *et al.* haben das transiente Triplett-Spektrum einer 3 M Lösung von Naphthalin in Toluol bei Raumtemperatur und mit Benzophenon als Sensibilisator aufgenommen [13] (durchgehende Kurve in Abb. 5.20). Die scharfe Bande bei 3.25 eV gleicht dabei der bekannten Monomer-Absorption von Naphthalin. Die zweite, sehr breite Bande mit ihrem Maximum um 2.6 eV wird dem Triplett-Excimer zugeordnet [13]. Zur besseren Sichtbarkeit wurde hier eine zweite Kurve aus der Arbeit von Wang *et al.* [13] in die Grafik eingezeichnet (gestrichelte Kurve in Abb. 5.20), welche aus einer *Wavelength-by-Wavelength* Messung mit einem Photomultiplikator stammt.

Die berechneten $T_n \leftarrow T_1$-Oszillatorstärken der verschiedenen Dimer-Konfigurationen sind als Strichspektren in Abbildung 5.20 eingezeichnet. Alle berechneten Absorptionen treten ausschließlich dort auf, wo die Banden des experimentellen Spektrums zu finden sind. Bei T- und 90° L-förmiger Anordnung zeigt sich nur je eine starke Absorption bei 3.20 eV beziehungsweise 3.45 eV, welche der Monomer-Bande zugeordnet werden kann. Zusätzlich zur Monomer-Absorption bei 3.12 eV zeigen sich im Spektrum der 50° L-förmigen Anordnung noch zwei schwache Absorptionen im Bereich der breiten Excimer-Bande. Diese Konformation verbindet also die 90° L-förmige mit der F2F-Anordnung, welche ausschließlich im Excimer-Bereich des Spektrums absorbiert. Dabei weist das F2F-

5. Triplett-Excimere von Molekülen mit π – π-Wechselwirkung

Abbildung 5.20 – Berechnete $T_n \leftarrow T_1$-Spektren von Naphthalin und den in dieser Arbeit diskutierten Naphthalin-Dimeren (CC2/cc-pVTZ) sowie die experimentellen $T_n \leftarrow T_1$-Spektren einer 3 M Lösung von Naphthalin in Toluol (Monomer und freie Dimere, Kurven [s. Text]). Die berechneten Oszillatorstärken sind als Strichspektrum eingezeichnet. Die experimentellen Spektren wurden mit Hilfe der Daten aus Lit. 13 erstellt.

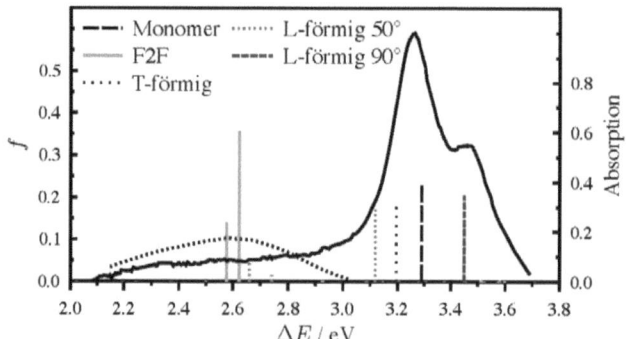

Dimer-Spektrum zwei starke Übergänge um 2.6 eV auf. Diese Ergebnisse deuten darauf hin, dass die experimentelle Excimer-Bande hauptsächlich von koplanar oder nahezu koplanar angeordneten Napthalin-Dimeren stammt, während die Monomer-Absorption ausschließlich von schwach wechselwirkenden Anordnungen und freien Monomeren herrührt.

East und Lim [14] berechneten das $T_n \leftarrow T_1$-Spektrum des F2F-Dimers bei einem intermolekularen Abstand von 3.6 Å mit der INDO/S Methode [185]. Dabei fanden sie drei Banden bei 3.21 eV, 3.98 eV und 5.35 eV. Der Abstand von 3.6 Å ist dabei viel länger als der optimierte Abstand von ca. 3.1 Å. Dies kann das Triplett-Spektrum erheblich verändern, wie aus Abbildung 5.21 und der zugehörigen Diskussion in Abschnitt 5.3.4 hervorgeht.

5.3.4. Charakterisierung der angeregten Zustände

Nachdem das F2F- und das T-förmige Dimer von Naphthalin den Grenzfällen der starken und schwachen Kopplung zugeordnet werden konnten und dies durch Vergleich mit experimentellen Spektren bestätigt wurde, sollen in diesem Kapitel die Gründe für die verschiedenen Eigenschaften bei den unterschiedlichen Konformationen durch eine detaillierte Betrachtung der angeregten Triplettzustände untersucht werden. Um Informationen über die Natur der angeregten Triplettzustände zu erhalten wurde daher, wie schon für BPP (siehe Kap. 5.2.4), die Abstandsabhängigkeit der Anregungsenergien analysiert. Dazu wurden die Geometrien der Monomere nicht verändert und nur deren Abstand

5.3. Triplett-Excimer von Naphthalin

zueinander schrittweise erhöht. Diese Rechnungen wurden auf CC2/cc-pVDZ-Niveau durchgeführt. Die Veränderung der Anregungsenergien des F2F- und des T-förmigen Dimers sind in Abbildung 5.21 und 5.22 dargestellt. Da die Grafiken für die beiden L-förmigen Dimere dem des T-förmigen Dimers sehr ähnlich sind, wird hier auf deren Darstellung verzichtet. Auf der rechten Seite der Grafiken sind die Triplett-Anregungsenergien gegen den intermolekularen Abstand aufgetragen. Auf der linken Seite wurde zusätzlich die Grundzustandsenergie addiert, wodurch die Ort des Minimums der Potentialhyperfläche des T_1-Zustandes in der Grafik zu erkennen ist.

Für das F2F-Dimer (Abb. 5.21) zeigt sich ein ähnliches Bild wie schon für BPP (Abb. 5.12): Für intermolekulare Abstände $\delta \geq 4.5$ Å findet man Paare von Anregungsenergien auf Höhe der Monomerenergien, also lokal angeregte (LE) Zustände. Bei höherer Energie zeigen sich Paare von CT-Zuständen mit starker Steigung. Bei kleineren Abständen $\delta \leq 4$ Å bleibt je einer der beiden LE-Zustände eines Paares unverändert, während der andere durch Zumischung eines CT-Zustandes energetisch stark abgesenkt wird. Im Gegenzug wird der zugehörige CT-Zustand stark angehoben, der zweite CT-Zustand dieses Paares verläuft gleichförmig weiter. Für die beiden energetisch tiefsten LE-Zustände und deren CT-Partner ist dieses Verhalten in Abbildung 5.21 verdeutlicht. Während der T_1-Zustand (untere klein-gestrichelte Kurve) stark mit einem der CT-Zustände (obere klein-gestrichelte Kurve) wechselwirkt, bleibt die Anregungsenergie des T_2-Zustandes (untere grob-gestrichelte Kurve) konstant und der Verlauf des zweiten CT-Zustandes (obere grob-gestrichelte Kurve) ist gleichförmig.

Ein anderes Bild ergibt sich für die T- (Abb. 5.22) und L-förmigen Dimere. Hier findet im Bereich des T_1-Minimums keine sichtbare Wechselwirkung zwischen LE- und CT-Zuständen statt.[20] Da die Anregungsenergien der LE-Zustände über den gesamten Abstandsbereich konstant sind wird die Position des T_1-Minimums nur durch die Grundzustandsenergie (bei T_1-Geometrie) bestimmt.

Wie beim BPP kann man die angeregten Zustände des F2F-Dimers von Naphthalin nach dem einfachen Vier-Niveau-Schema klassifizieren (siehe Abb. 5.23). Danach bestätigt sich für den T_1-Zustand ein LE/CT-Charakter, während der T_2-Zustand ein reiner LE-Zustand ist. Die beiden anderen Zustände dieses HOMO/LUMO-Paars sind der reine CT-Zustand 2^3B_{2u} und der (mit T_1 wechselwirkende) LE/CT-Zustand 3^3B_{3g}.

Dass im Falle des F2F-Dimers von Naphthalin immer jeweils zwei Zustände stark miteinander wechselwirken und die jeweils anderen beiden keine Wechselwirkung zeigen, lässt sich leicht unter Betrachtung der in Kapitel 5.1 beschriebenen Hamiltonmatrix für ein solches Vier-Zustands-Modell erklären. Die paarweise Kopplung zwischen LE- und CT-Zuständen zeigt sich in der Struktur der Matrix (5.8). Des Weiteren sieht man anhand der Gleichung (5.8), dass die Kopplung der Zustände von den Loch- und Teilchentransferparametern β_H and β_P bestimmt wird. Diese können in nullter Ordnung als die Hälfte der Orbitalenergieaufspaltung der Grenzorbitale berechnet werden [186]. In

---

[20] Die angeregten Zustände der T- und L-förmigen Dimere sind im Gegensatz zu denen des F2F-Dimers nicht entartet, da die Geometrie der beiden Monomere unterschiedlich ist.

5. Triplett-Excimere von Molekülen mit $\pi - \pi$-Wechselwirkung

Abbildung 5.21 – Veränderung der Triplett-Anregungsenergien von zwei koplanar angeordneten Naphthalin-Molekülen bei Vergrößerung des intermolekularen Abstandes (CC2/cc-pVDZ). Auf der oberen X-Achse ist der Abstand zwischen den beiden Monomeren aufgetragen, auf der unteren die Abweichung vom optimierten Abstand im T_1-Zustand des F2F-Dimers ($\delta_{T_1} = 3.08$ Å). Zwei stark und zwei nicht-wechselwirkende LE- und CT-Zustände sind exemplarisch durch gestrichelte Kurven markiert (siehe dazu auch Abb. 5.23 und Text). Linke Seite: Die Grundzustandsenergie ist als dicke Linie bei 0 eV für große Abstände eingezeichnet. Rechte Seite: Hier sind nur die Anregungsenergien aufgetragen.

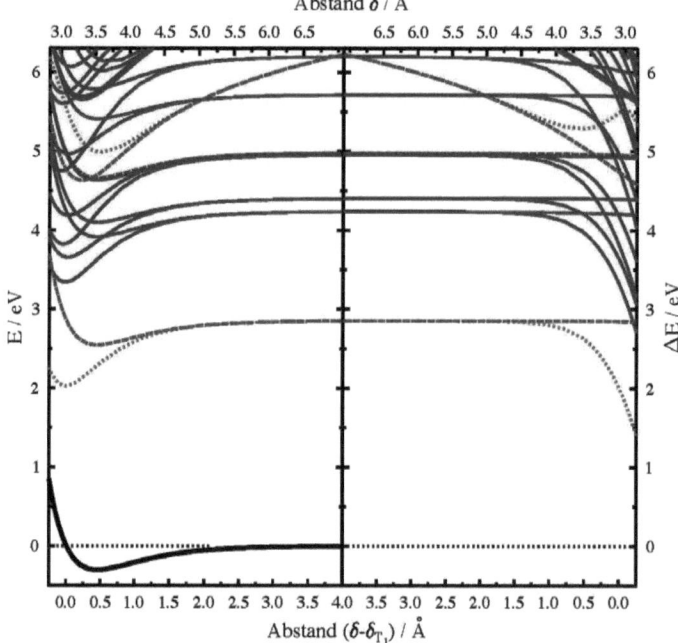

5.3. Triplett-Excimer von Naphthalin

Abbildung 5.22 – Veränderung der Triplett-Anregungsenergien von zwei T-förmig angeordneten Naphthalin-Molekülen bei Vergrößerung des intermolekularen Abstandes (CC2/cc-pVDZ). Auf der oberen X-Achse ist der Abstand zwischen den beiden Monomeren aufgetragen, auf der unteren die Abweichung vom optimierten Abstand im T_1-Zustand des T-förmigen Dimers ($\delta_{T_1} = 4.83$ Å). Linke Seite: Die Grundzustandsenergie ist als dicke Linie bei 0 eV für große Abstände eingezeichnet. Rechte Seite: Hier sind nur die Anregungsenergien aufgetragen.

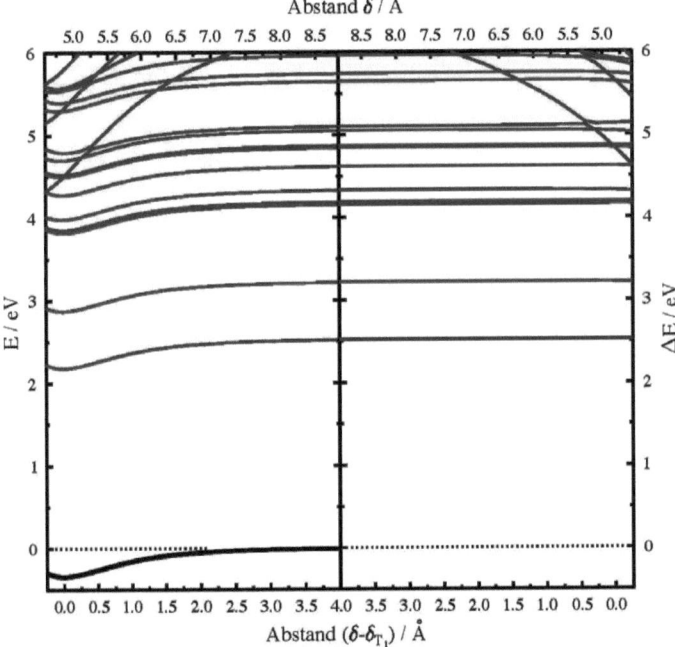

5. Triplett-Excimere von Molekülen mit $\pi - \pi$-Wechselwirkung

Abbildung 5.23 – Charakterisierung der wichtigsten Übergänge im F2F-Naphthalin-Dimer. Der unterstrichene Zustand absorbiert im transienten Spektrum.

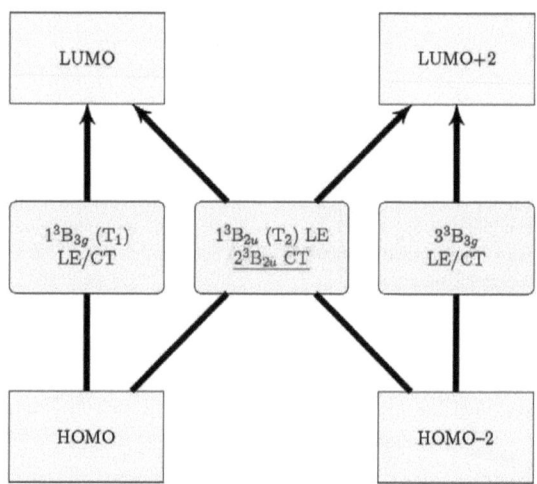

dieser Näherung ergibt sich für das F2F-Dimer $\beta_H = 0.94$ eV und $\beta_P = 0.92$ eV, die beiden Parameter sind also nahezu gleich groß. Da die Wechselwirkung zwischen LE- und CT-Zuständen für einen Block der Hamiltonmatrix von der Summe, für den anderen jedoch von der Differenz der beiden Parameter abhängt, ergibt sich eine starke Kopplung zwischen den Plus-Zuständen (ω_{LE}^+ und ω_{CT}^+) und eine nahezu verschwindende Kopplung zwischen den Minus-Zuständen (ω_{LE}^- and ω_{CT}^-). Das Kopplungsmuster des F2F-Dimers kann also über die Ähnlichkeit der Loch- und Teilchentransferparameter begründet werden. Das Naphthalin-Dimer ist diesbezüglich jedoch kein Spezialfall. Die Tatsache, dass die beiden Parameter ungefähr gleich groß sind ist für Moleküle mit großen π-Systemen bekannt (siehe z. B. Lit. 187). Je größer das π-System, desto ähnlicher werden sich Loch- und Teilchentransferparameter. Die ungefähre Gleichheit $\beta_P \approx \beta_H$ gilt für alle Moleküle mit großen π-Systemen und damit ist für diese Systeme ein ähnliches Kopplungsmuster zwischen den Zuständen zu erwarten wie für das F2F-Dimer des Naphthalins.

Zusammenfassend lässt sich feststellen, dass das koplanar angeordnete F2F-Triplett-Excimer von Naphthalin aufgrund der sehr starken elektronischen Kopplung durch die Zumischung eines CT-Zustandes erheblich stabilisiert wird, was zu einem geringen intermolekularen Abstand führt. Die anderen Konformationen weisen nur eine sehr geringe elektronische Kopplung auf und sind daher ver-

5.3. Triplett-Excimer von Naphthalin

glichen mit dem Grundzustands-Dimer nicht zusätzlich stabilisiert. Zusammen mit den Ergebnissen der vorherigen Abschnitte deutet dies sehr stark darauf hin, dass die F2F-Konformation die bevorzugte Anordnung des Naphthalin-Triplett-Excimers ist. Die anderen untersuchten Konformationen zeigen keine verstärkte Wechselwirkung im Vergleich zum Grundzustand und sind in diesem Sinne keine echten Excimere. Einzig die L-förmigen Anordnungen mit einem von 90° verschiedenen Winkel zeigen schwache excimerische Eigenschaften, was die schwache excimerische Absorption beziehungsweise Phosphoreszenz nicht-parallel angeordneter, kovalent verbrückter Dimere und Zyklophane erklärt.

5.3.5. Oligomere des Naphthalins

Polyacenderivate sind wichtige Substanzen für organische Halbleiter (siehe z. B. Lit. 188 und darin enthaltene Literatur). Dabei liegen die organischen Halbleitermaterialien oft in einer amorphen Phase vor. Um den Einfluss einer solchen Umgebung auf die Eigenschaften des Triplett-Excimers zu bestimmen, soll ein einfaches Modellsystem diskutiert werden. Dazu werden einige Naphthalin-Monomere koplanar zum Trimer, Tetramer und Pentamer gestapelt, um die Stapelbildung in der amorphen Phase zu simulieren, wie sie zum Beispiel von Nagata *et al.* beschrieben wird [189]. Des Weiteren wäre es denkbar solche gestapelten Oligomere in Lösung zu finden, da das Triplett-Excimer von Naphthalin eine vergleichsweise lange Lebenszeit aufweist (100 μs oder mehr)[21] [190].

Strukturen des T_1-Zustandes Die Strukturen des ersten angeregten Triplettzustandes der Modell-Oligomere wurden unter Verwendung von C_{2v}-Symmetrie[22] optimiert, das heißt alle Monomere können unabhängig relaxieren, die Stapelstruktur bleibt erhalten. Für das Trimer und das Tetramer ergeben sich durch die Geometrieoptimierung D_{2h}-symmetrische Strukturen, während das Pentamer C_{2v}-symmetrisch bleibt. Anhand der relaxierten Geometrien kann man aus dem Vergleich mit den Geometrieparametern des Monomers und des F2F-Triplett-Excimers die Lokalisierung der Anregung bestimmen (Details siehe Tab. D.5). Dabei zeigt sich ein Trend zu einem von Monomeren im Grundzustand eingebetteten Excimer, die Anregung delokalisiert also in diesem Falle nicht über drei oder mehr Monomereinheiten.

Dies bedeutet jedoch nicht, dass die das Excidimer umgebenden Monomere nicht zur Stabilisierung des Excimers beitragen. Im Gegenteil, die Bindungsenergie wird durch die umliegenden Monomere verstärkt (siehe Tab. 5.5). So ist die Energie des Trimers 0.54 eV niedriger als die Summe der Energien des Dimers und eines nicht-wechselwirkenden Monomers. Mit Hilfe des Basissatzsuperpositionsfehlers (*Basis Set Superposition Error*, BSSE) des Naphthalin-Dimers kann man die BSSE-korrigierte

---
[21]Annahme hierfür ist eine typische Geschwindigkeitskonstante für eine diffusionskontrollierte Reaktion zwischen 10^{-9} und 10^{-11} L mol^{-1} s^{-1}, was einer Stoßrate von ca. 10^{-10} s^{-1} entspricht.
[22]Die C_2-Achse verläuft in Stapelrichtung.

5. Triplett-Excimere von Molekülen mit π – π-Wechselwirkung

Abbildung 5.24 – Berechnete $T_n \leftarrow T_1$-Spektren der Naphthalin Oligomere (Monomer bis Tetramer) mit koplanarer Anordnung (CC2/cc-pVTZ) sowie die experimentellen $T_n \leftarrow T_1$-Spektren einer 3 M Lösung von Naphthalin in Toluol. Die berechneten Oszillatorstärken sind als Strichspektrum eingezeichnet. Die experimentellen Spektren wurden mit Hilfe der Daten aus Lit. 13 erstellt.

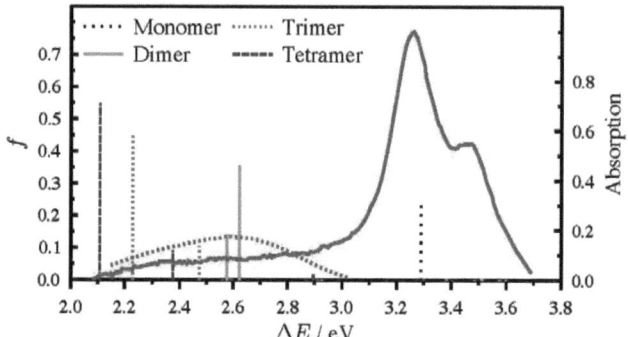

Bindungsenergie der Oligomere abschätzen (siehe Tab. 5.5), indem man von der unkorrigierten Bindungsenergie $(\Theta - 1)$ Mal den BSSE des Dimers abzieht, wobei Θ die Anzahl der Monomere im Stapel bezeichnet. Daraus resultiert eine steigende BSSE-korrigierte Bindungsenergie von 0.56 eV (Dimer) über 0.93 eV (Trimer) bis zu 1.28 eV (Tetramer) und damit in einer näherungsweise konstanten Bindungsenergie von ca. 0.3 eV pro Monomer.

Transiente Triplett-Absorptionsspektren Zusätzlich wurden hier die Änderungen der Triplettzustände bei den verschiedenen Oligomeren untersucht. Dazu wurden die transienten Spektren aus dem jeweiligen T_1-Zustand auf CC2/cc-pVTZ-Niveau berechnet (siehe dazu Abb. 5.24). Die energetisch niedrigste Absorption für das Trimer beziehungsweise das Tetramer ergibt sich aus diesen Rechnungen zu 2.2 eV, also ca. 0.4 eV unterhalb der Dimer-Absorption. Dies könnte als Nachweis für Excimere höherer Ordnung nützlich sein.

6. Zusammenfassung

In der vorliegenden Arbeit wurde die Theorie für Übergangsmomente zwischen angeregten Zuständen im Rahmen der *Coupled-Cluster*-Antworttheorie vorgestellt. Diese Übergangsmomente wurden in das etablierte Programmpaket TURBOMOLE [96] implementiert. Da die Umsetzung auf die bestehende Implementierung zur Berechnung von Anregungsenergien und Übergangsmomenten aus dem Grundzustand von Hättig *et al.* [38,40,95] aufbaut, können deren Vorteile auch für die Übergangsmomente zwischen angeregten Zuständen genutzt werden (geringer Speicherbedarf $\mathcal{O}(N^3)$ und kleiner Vorfaktor der $\mathcal{O}(N^5)$-Skalierung). Die in dieser Arbeit vorgestellte Implementierung erlaubt die Berechnung beliebiger Übergänge zwischen Singulett- und Triplettzuständen. Um die Berechnung der Übergänge zwischen Zuständen unterschiedlicher Multiplizität zu ermöglichen, muss die triplett-adaptierte Übergangsdichte konstruiert werden. Die entsprechenden Formeln wurden im Rahmen dieser Arbeit aufgestellt und der zugehörige Algorithmus wurde implementiert.

Da in der derzeitigen Version von TURBOMOLE die Berechnung von Integralen des Spin-Bahn-Operators nicht möglich ist, wurde ein Interface zum Programm ORCA [99] erstellt. Dadurch wird die Berechnung von Spin-Bahn-Matrixelementen zugänglich, welche zum Beispiel für die Bestimmung von *Inter-System Crossing*-(ISC)-Raten benötigt werden.

Die Genauigkeit der CC2-Übergangsmomente im Vergleich zu CCSD sowie die Genauigkeit der *resolution-of-the-identity*-(RI)-Näherung wurden in Kapitel 4.1 untersucht. Dabei stellte sich der RI-Fehler wie erwartet als sehr klein heraus (etwa eine Größenordnung kleiner als der Basissatzfehler). Die Abweichungen zur genaueren, aber mit $\mathcal{O}(N^6)$ skalierenden CCSD Methode sind für die Dipol-Übergangsmomente mit ca. 10% vertretbar.

In Kapitel 4.2 wurden transiente Spektren verschiedener mittelgroßer Moleküle mit kondensierten π-Elektronensystemen untersucht. Dabei wurde festgestellt, dass im Falle ausgedehnter π-Systeme niedrig liegende angeregte Zustände mit Zweifachanregungscharakter auftreten können. Diese Zustände werden von der CC2-Methode (und von der ADC(2)-Methode) nur unzureichend beschrieben, wodurch deren Anregungsenergien überschätzt werden. Dadurch treten diese Zustände nicht (oder bei zu hoher Energie) im berechneten Spektrum auf. Dies ist für Übergänge aus dem Grundzustand oft unproblematisch, da Übergänge in diese Zustände meist verboten sind und dadurch im experimentellen Spektrum nicht sichtbar sind. Betrachtet man allerdings Anregungen zwischen angeregten Zuständen, sind diese Übergänge nicht verboten, weshalb mitunter sogar sehr starke Banden in experimentellen Spektren auftreten, welche im berechneten Spektrum fehlen. Es zeigt sich jedoch, dass dies für Triplett–Triplett-Anregungsspektren in der Praxis oft eine geringe Rolle spielt, da die energetisch niedrigsten doppelt-angeregten Zustände vom Typ (HOMO)^2 →(LUMO)^2 und daher keine Triplettzustände sind. Aus diesem Grund wurde sich in dieser Arbeit vorwiegend mit den Triplett-Anregungen auseinandergesetzt. Alle transienten Triplett–Triplett-Spektren der hier untersuchten Substanzen

6. Zusammenfassung

stimmen gut mit den experimentellen Spektren überein.

Das Triplett-Excimer des molekularen Dimers [3.3](4,4')Biphenylophan (BPP) wurde in Kapitel 5.2 untersucht. Die berechneten transienten Triplett–Triplett-Anregungsspektren des Monomers Dimethylbiphenyl (DMBP) und des Dimers BPP zeigen eine gute Übereinstimmung mit den experimentellen Ergebnissen und erlauben eine Charakterisierung der beteiligten angeregten Zustände. Für den ersten angeregten Singulett- und Triplettzustand von BPP wurde eine starke Beimischung von *Charge-Transfer*-(CT)-Zuständen festgestellt. Geometrieoptimierungen im angeregten Zustand zeigen, dass sich sowohl im S_1- als auch im T_1-Zustand die beiden Monomereinheiten einander deutlich annähern, was auf eine starke Wechselwirkung der beiden π-Systeme hindeutet. Eine Lokalisierung der Anregung auf eine der beiden Biphenyl-Einheiten wurde nicht beobachtet. Daher kann sowohl das Singulett- als auch das Triplett-Excimer dem Bereich der starken Kopplung zugeordnet werden, in dem die elektronische Kopplung deutlich stärker ist als die strukturellen Relaxationseffekte.

Obwohl das berechnete Triplett–Triplett-Spektrum aus dem excimerischen T_1-Zustand aufgrund der Anzahl und der Intensitätsverteilung der Absorptionsbanden das experimentelle Spektrum vollständig erklären würde, sprechen unterschiedliche Signalabklingraten für die Existenz einer zweiten Spezies. Der T_2-Zustand von BPP ist eine rein lokale Anregung (*Local Excitation*, LE) und um mehr als 0.5 eV vom T_1-Zustand separiert. Dennoch könnte dieser LE-Zustand (T_2) durch Lösungsmitteleffekte stabilisiert werden und so, wie von Yamaji *et al.* vorgeschlagen [11], neben dem Excimer (T_1) existieren. Das berechnete transiente Spektrum aus dem LE-Zustand (T_2) unterstützt diese Vermutung, da es einen starken Übergang aufweist, welcher zur fraglichen experimentellen Bande beitragen kann. Zusätzlich werden die Triplettzustände ausgehend von den Singulettzuständen hauptsächlich über den $T_2 \leftarrow S_1$-Kanal populiert, was zumindest eine temporäre Besetzung des T_2-Zustandes erwarten lässt.

Durch die Rechnungen konnte weiterhin gezeigt werden, dass die Förster-Dexter-Theorie, welche zur genäherten Beschreibung schwacher elektronischer Kopplung geeignet ist, in diesem Fall nicht angewendet werden kann. Die beiden Biphenyleinheiten wechselwirken aufgrund der überlappenden π-Systeme sehr stark miteinander, vor allem im angeregten Zustand. Der Übergang von schwacher (Wechselwirkung von LE-Zuständen) zu starker Kopplung (CT-Beimischung) tritt für Abstände $\leq$ 4 Å auf, was einem typischen Abstand in der amorphen Phase organischer Halbleiter entspricht. Daher liegt der Schluss nahe, dass auch in anderen Verbindungen mit gestapelten π-Systemen eine starke Kopplung vorliegt und die Anregungen in solchen Systemen über zwei oder mehr Moleküle delokalisiert sind.

In Kapitel 5.3 wurde die Excimerbildung im Triplettzustand am Beispiel des Naphthalin-Dimers untersucht. Dabei dient das Naphthalin-Dimer als Modellsystem für freie Triplett-Excimere organischer Moleküle mit ausgedehnten π-Systemen. Es zeigt sich, dass das Naphthalin-Dimer, je nach Anordnung der beiden Monomere, beide Grenzfälle, den der schwachen und den der starken Kopplung, abdeckt. So führt eine große Überlappung der π-Systeme zu starker Kopplung und damit zu einem geringen intermolekularen Abstand, während Konformationen mit geringer oder ohne $\pi-\pi$-Überlappung nur sehr schwache Kopplung zeigen. Letzteres resultiert in einer Lokalisierung der Anregung auf einem der beiden Monomere, die starke Kopplung hingegen begünstigt eine Delokalisierung der Anregung über beide Monomereinheiten. Des Weiteren wird die Energie des ersten angeregten Triplettzustandes aufgrund der starken Wechselwirkung mit CT-Zuständen stark abgesenkt, was zu einer deutlich stärkeren intermolekularen Bindung als im Grundzustandsdimer führt. Somit stellt sich die koplanare Anordnung, für die die $\pi-\pi$-Überlappung am größten ist, als bevorzugte Konformation des Triplett-Excimers heraus, was durch die Berechnung der transienten Absorptionsspektren aus dem T_1-Zustand bestätigt werden konnte. Das koplanare Dimer zeigt im Spektrum eine excimerische Absorption, die anderen hier untersuchten Anordnungen hingegen zeigen nur Absorptionen im Bereich der experimentellen Monomer-Absorptionsbande.

Aus der Untersuchung von π-gestapelten Oligomeren des Naphthalins (bis zum Pentamer) wurde eine zusätzliche Stabilisierung des Excimers durch die umliegenden Moleküle im Vergleich zum Dimer festgestellt. Allerdings führt dies nicht zu einer Delokalisierung der Anregung über mehr als zwei Monomereinheiten. Diese Oligomere können als Modellsysteme für die Excimerbildung und den Anregungstransport in großen π-Stapeln dienen, wie sie zum Beispiel in amorphen Phasen organischer Halbleiter vorkommen können [189]. Dies kann zu einem Verständnis der elementaren photophysikalischen Prozesse in organischen Halbleitern beitragen.

Die Ergebnisse der vorliegenden Arbeit sind ein Schritt zum Verständnis elektronisch angeregter Zustände. Mit der hier vorgestellten Implementierung der Übergangsmomente zwischen angeregten Zuständen wurde ein Hilfsmittel zur Interpretation und Vorhersage transienter Absorptionsspektren erstellt, welche Informationen über die angeregten Zustände von Molekülen in der Gleichgewichtsgeometrie des angeregten Zustandes liefern können. Dabei ist es gelungen, die Übergangsmomente auf ADC(2)- und CC2-Niveau für mittelgroße Moleküle (20-50 Atome) mit angemessenen Basissätzen zugänglich zu machen. Dies ermöglicht eine Berechnung der transienten Spektren für Systeme, welche durch die Dichtefunktionaltheorie nicht gut beschrieben werden können.

Obwohl die Anwendung von CC2 und ADC(2) in Verbindung mit den Übergangsmomenten zwischen angeregten Zuständen problematisch sein kann, wie beispielsweise aufgrund der schlechten Beschreibung doppelt angeregter Zustände, stellt sich die Berechnung der Oszillatorstärken vor allem zwischen Triplettzuständen in der Praxis als sehr hilfreich heraus. So konnte im Rahmen der vorliegenden Arbeit das Verständnis der Excimer-Bildung im Triplettzustand unter anderem durch die Berechnung der transienten Spektren zweier Modellsysteme entscheidend verbessert werden. Hierbei stellten sich CT-Effekte als wichtig heraus, weshalb diese Studien im Rahmen der DFT problematisch gewesen wären.

A. Anhang zu Kapitel 2

Spin-adaptierte Anregungsoperatoren

Als Anregungsoperatoren zur Erzeugung von Singulettzuständen verwendet man die Operatoren

$$^{(1)}\tau_i^a = E_{ai} \tag{A.1}$$

$$^{(1)}\tau_{ij}^{ab} = E_{ai}E_{bj}, \tag{A.2}$$

welche die ein- und zweifach angeregten Determinanten

$$\left|\Phi_i^a\right\rangle = {}^{(1)}\tau_i^a \left|\Phi_0\right\rangle \tag{A.3}$$

$$\left|\Phi_{ij}^{ab}\right\rangle = {}^{(1)}\tau_{ij}^{ab} \left|\Phi_0\right\rangle \tag{A.4}$$

erzeugen. Dabei sind die Anregungsoperatoren E_{pq} in zweiter Quantisierung gegeben als

$$E_{pq} = a_{p\alpha}^\dagger a_{q\alpha} + a_{p\beta}^\dagger a_{q\beta}, \tag{A.5}$$

wobei $a^\dagger$ und a Erzeuger und Vernichter von Spinorbitalen darstellen und α beziehungsweise β die Spinfunktionen bezeichnen. Da die Adjungierten der Zustände (A.3) und (A.4)

$$\left\langle\Phi_i^a\right| = \left\langle\Phi_0\right| {}^{(1)}\tau_i^{a\dagger} \tag{A.6}$$

$$\left\langle\Phi_{ij}^{ab}\right| = \left\langle\Phi_0\right| {}^{(1)}\tau_{ij}^{ab\dagger} \tag{A.7}$$

eine komplizierte Überlappung mit den Zuständen (A.3) und (A.4) haben [66], wählt man in der Regel stattdessen die biorthogonale Basis

$$\left\langle {}^{(1)}\Phi_i^a\right| = \frac{1}{2}\left\langle\Phi_i^a\right| \tag{A.8}$$

$$\left\langle {}^{(1)}\Phi_{ij}^{ab}\right| = \frac{1}{3}\left\langle\Phi_{ij}^{ab}\right| + \frac{1}{6}\left\langle\Phi_{ji}^{ab}\right|. \tag{A.9}$$

Die Behandlung von Triplettanregungen mit dem CC2-Modell wurde detailliert in einer Serie von Veröffentlichungen von Hald *et al.* [95, 191, 192] beschrieben. Die Triplett-Anregungsoperatoren für

A. Zu Kapitel 2

Einfachanregungen ergeben sich zu

$$^{(3)}\tau_i^{a,+1} = -a_{i\alpha}^\dagger a_{a\beta} \tag{A.10}$$

$$^{(3)}\tau_i^{a,-1} = a_{i\beta}^\dagger a_{a\alpha} \tag{A.11}$$

$$^{(3)}\tau_i^{a,0} = a_{i\alpha}^\dagger a_{a\alpha} - a_{i\beta}^\dagger a_{a\beta} = T_{ia}, \tag{A.12}$$

wobei eine weitere Klasse von Anregungsoperatoren in zweiter Quantisierung eingeführt wurde:

$$T_{pq} = a_{p\alpha}^\dagger a_{q\alpha} - a_{p\beta}^\dagger a_{q\beta}. \tag{A.13}$$

Die Anregungsoperatoren (A.10)–(A.12) lassen sich durch eine lineare Transformation in die kartesischen Komponenten überführen:

$$^{(3)}\tau_i^{a,x} = \frac{1}{2}\left(a_{i\alpha}^\dagger a_{a\beta} + a_{i\beta}^\dagger a_{a\alpha}\right) \tag{A.14}$$

$$^{(3)}\tau_i^{a,y} = \frac{i}{2}\left(a_{i\beta}^\dagger a_{a\alpha} - a_{i\alpha}^\dagger a_{a\beta}\right) \tag{A.15}$$

$$^{(3)}\tau_i^{a,z} = \frac{1}{2}\left(a_{i\alpha}^\dagger a_{a\alpha} - a_{i\beta}^\dagger a_{a\beta}\right) = \frac{1}{2}T_{ia}. \tag{A.16}$$

Auf ähnliche Weise erhält man für die kartesischen Komponenten der Triplett-Anregungsoperatoren für Doppelanregungen [66]

$$^{(3)}\tau_{ij}^{ab,x} = \frac{1}{2}\left(a_{j\alpha}^\dagger a_{i\alpha}^\dagger a_{a\beta} a_{b\alpha} + a_{j\alpha}^\dagger a_{i\beta}^\dagger a_{a\alpha} a_{b\alpha} + a_{j\beta}^\dagger a_{i\alpha}^\dagger a_{a\beta} a_{b\beta} + a_{j\beta}^\dagger a_{i\beta}^\dagger a_{a\alpha} a_{b\beta}\right) \tag{A.17}$$

$$^{(3)}\tau_{ij}^{ab,y} = \frac{i}{2}\left(a_{j\alpha}^\dagger a_{i\beta}^\dagger a_{a\alpha} a_{b\alpha} - a_{j\alpha}^\dagger a_{i\alpha}^\dagger a_{a\beta} a_{b\alpha} + a_{j\beta}^\dagger a_{i\beta}^\dagger a_{a\alpha} a_{b\beta} - a_{j\beta}^\dagger a_{i\alpha}^\dagger a_{a\beta} a_{b\beta}\right) \tag{A.18}$$

$$^{(3)}\tau_{ij}^{ab,z} = \frac{1}{2}\left(a_{j\alpha}^\dagger a_{i\alpha}^\dagger a_{a\alpha} a_{b\alpha} - a_{j\alpha}^\dagger a_{i\beta}^\dagger a_{a\beta} a_{b\alpha} + a_{j\beta}^\dagger a_{i\alpha}^\dagger a_{a\alpha} a_{b\beta} - a_{j\beta}^\dagger a_{i\beta}^\dagger a_{a\beta} a_{b\beta}\right) \tag{A.19}$$

$$= \frac{1}{2}\left(\left[T_{ia}E_{jb} - T_{jb}E_{ia}\right] + \left[T_{ia}E_{jb} + T_{jb}E_{ia}\right]\right)$$

$$= \frac{1}{2}\left(^{(+)}\tau_{ij}^{ab} + {}^{(-)}\tau_{ij}^{ab}\right).$$

Zur Parametrisierung der Wellenfunktion verwendet man in der Regel nur die m_s-erhaltende Komponente der Anregungsoperatoren. Demnach ist die Basis für die Triplettanregungsmanigfaltigkeit über die Anregungsoperatoren

$$^{(3)}\tau_i^a = T_{ai} \tag{A.20}$$

$$^{(+)}\tau_{ij}^{ab} = T_{ai}E_{bj} + T_{bj}E_{ai} \tag{A.21}$$

$$^{(-)}\tau_{ij}^{ab} = T_{ai}E_{bj} - T_{bj}E_{ai} \tag{A.22}$$

zugänglich. Als Projektionsmanigfaltigkeit auf die Triplettzustandsfunktionen

$$\left|{}^{(3)}\Phi_i^a\right\rangle = {}^{(3)}\tau_i^a\left|\Phi_0\right\rangle \quad (A.23)$$

$$\left|{}^{(+)}\Phi_{ij}^{ab}\right\rangle = {}^{(+)}\tau_{ij}^{ab}\left|\Phi_0\right\rangle \quad (A.24)$$

$$\left|{}^{(-)}\Phi_{ij}^{ab}\right\rangle = {}^{(-)}\tau_{ij}^{ab}\left|\Phi_0\right\rangle \quad (A.25)$$

wählt man

$$\left\langle {}^{(3)}\Phi_i^a\right| = \frac{1}{2}\left\langle\Phi_0\right|{}^{(3)}\tau_i^{a\dagger} \quad (A.26)$$

$$\left\langle {}^{(+)}\Phi_{ij}^{ab}\right| = \frac{1}{8}\left\langle\Phi_0\right|{}^{(+)}\tau_{ij}^{ab\dagger} \quad (A.27)$$

$$\left\langle {}^{(-)}\Phi_{ij}^{ab}\right| = \frac{1}{8}\left\langle\Phi_0\right|{}^{(-)}\tau_{ij}^{ab\dagger}. \quad (A.28)$$

B. Anhang zu Kapitel 3

Tabelle B.1 – Definition der Transformationsmatrizen für CC2. Dabei steht **C** für die Matrix der MO-Koeffizienten. Es ist zu beachten, dass die Matrizen $\mathbf{t}_1$, $\mathbf{R}_1$ und $\mathbf{L}_1$ auf die volle Orbitalbasis erweitert werden müssen (vgl. Gl. (3.4)).

$\Lambda^p = \mathbf{C}(\mathbf{1} - \mathbf{t}_1^\dagger)$	$\Lambda^h = \mathbf{C}(\mathbf{1} + \mathbf{t}_1)$
$\Lambda^p_{\alpha i} = C_{\alpha i}$	$\Lambda^h_{\alpha i} = C_{\alpha i} + \sum_b C_{\alpha b} t_{bi}$
$\Lambda^p_{\alpha a} = C_{\alpha a} - \sum_j C_{\alpha j} t_{aj}$	$\Lambda^h_{\alpha a} = C_{\alpha a}$
$\bar{\Lambda}^p = -\mathbf{C}\mathbf{R}_1^\dagger$	$\bar{\Lambda}^h = \mathbf{C}\mathbf{R}_1$
$\bar{\Lambda}^p_{\alpha i} = 0$	$\bar{\Lambda}^h_{\alpha i} = \sum_b C_{\alpha b} R_{bi} = \sum_b \Lambda^h_{\alpha b} R_{bi}$
$\bar{\Lambda}^p_{\alpha a} = -\sum_j C_{\alpha j} R_{aj} = -\sum_j \Lambda^p_{\alpha j} R_{aj}$	$\bar{\Lambda}^h_{\alpha a} = 0$
$\check{\Lambda}^p = \Lambda^p \mathbf{L}_1$	$\check{\Lambda}^h = -\Lambda^h \mathbf{L}_1^\dagger$
$\check{\Lambda}^p_{\alpha i} = \sum_b \Lambda^p_{\alpha b} L_{bi}$	$\check{\Lambda}^h_{\alpha i} = 0$
$\check{\Lambda}^p_{\alpha a} = 0$	$\check{\Lambda}^h_{\alpha a} = -\sum_j \Lambda^h_{\alpha j} L_{aj}$

B. Zu Kapitel 3

Tabelle B.2 – Definition der in dieser Arbeit verwendeten ähnlichkeitstransformierten Zweielektronenintegrale. Die Transformationsmatrizen sind in Tab. B.1 aufgeführt.

$$(pq\widehat{|}rs) = \sum_{\alpha\beta\gamma\delta} \Lambda^p_{\alpha p}\Lambda^h_{\beta q}\Lambda^p_{\gamma r}\Lambda^h_{\delta s}(\alpha\beta|\gamma\delta)$$

$$(\bar{p}q|rs) = \sum_{\alpha\beta\gamma\delta} \left(\bar{\Lambda}^p_{\alpha p}\Lambda^h_{\beta q} + \Lambda^p_{\alpha p}\bar{\Lambda}^h_{\beta q}\right)\Lambda^p_{\gamma r}\Lambda^h_{\delta s}(\alpha\beta|\gamma\delta)$$

$$(pq\overline{|}rs) = (\bar{p}q|rs) + (pq|\bar{r}s)$$

$$^{(-)}(pq\overline{|}rs) = (\bar{p}q|rs) - (pq|\bar{r}s)$$

$$(\breve{p}q|rs) = \sum_{\alpha\beta\gamma\delta} \left(\breve{\Lambda}^p_{\alpha p}\Lambda^h_{\beta q} + \Lambda^p_{\alpha p}\breve{\Lambda}^h_{\beta q}\right)\Lambda^p_{\gamma r}\Lambda^h_{\delta s}(\alpha\beta|\gamma\delta)$$

$$(pq\breve{|}rs) = (\breve{p}q|rs) + (pq|\breve{r}s)$$

$$^{(-)}(pq\breve{|}rs) = (\breve{p}q|rs) - (pq|\breve{r}s)$$

$$(\widetilde{ia}|jb) = -\sum_{kc} L_{ci}R_{ck}(ka|jb) - \sum_{kc} L_{ak}R_{ck}(ic|jb)$$

$$(pq\widetilde{|}rs) = (\widetilde{pq}|rs) + (pq|\widetilde{rs})$$

Tabelle B.3 – Definition der singulett- und triplett-adaptierten Integrale und Amplituden für Tab. B.5.

	Singulett	Triplett
$\hat{K}_{kcld}$	$2(pq\hat{|}rs) - (ps\hat{|}rq)$	$2(pq\hat{|}rs) - (ps\hat{|}rq)$
$\hat{K}'_{kcld}$	$2(pq\hat{|}rs) - (ps\hat{|}rq)$	$-(ps\hat{|}rq)$
$\bar{K}_{kcld}$	$2(pq\overline{|}rs) - (ps\overline{|}rq)$	$(pq\overline{|}rs) - (ps\overline{|}rq) +^{(-)}(pq\overline{|}rs)$
$\tilde{t}^{ab}_{ij}$	$2t^{ab}_{ij} - t^{ba}_{ij}$	$2t^{ab}_{ij} - t^{ba}_{ij}$
$\tilde{t}'^{ab}_{ij}$	$2t^{ab}_{ij} - t^{ba}_{ij}$	$-t^{ba}_{ij}$
$\tilde{R}^{ab}_{ij}$	$2R^{ab}_{ij} - R^{ba}_{ij}$	$^{(+)}R^{ab}_{ij} +^{(-)}R^{ab}_{ij}$

Tabelle B.4 – Weitere Intermediate für Tab. B.5. $\mathscr{P}_{ab}$ ist dabei der Permutationsoperator, welcher die Indizes a und b vertauscht. Der Symmetrisierungs- und der Antisymmetrisierungsoperator wirken gemäß $\mathscr{S}_{ij}^{ab}(ai|bj) = (ai|bj) + (bj|ai)$ sowie $\mathscr{A}_{ij}^{ab}(ai|bj) = (ai|bj) - (bj|ai)$. Die hier verwendeten ähnlichkeitstransformierten Integrale sind in Tab. B.2 aufgeführt.

$$F_{\alpha\beta} = h_{\alpha\beta} + \sum_{\gamma\delta} D_{\gamma\delta} K_{\alpha\beta\gamma\delta}$$

$$F_{pq} = \sum_{\alpha\beta} C_{\alpha p} C_{\beta q} F_{\alpha\beta}$$

$$\hat{F}_{pq} = \sum_{\alpha\beta} \Lambda_{\alpha p}^{p} \Lambda_{\beta q}^{h} F_{\alpha\beta} + \sum_{ck} \hat{K}_{pqck} t_{ck}$$

$$\bar{F}_{pq} = \sum_{\alpha\beta} \left(\bar{\Lambda}_{\alpha p}^{p} \Lambda_{\beta q}^{h} + \Lambda_{\alpha p}^{p} \bar{\Lambda}_{\beta q}^{h} \right) F_{\alpha\beta} + \sum_{ck} \hat{K}_{pqck} R_{ck}$$

$$E_{ab} = \hat{F}_{ab} - \sum_{dkl} \tilde{t}_{kl}^{ad} (ld|kb)$$

$$E_{ij} = \hat{F}_{ij} - \sum_{cdl} \tilde{t}_{il}^{cd} (ld|jc)$$

$$\bar{E}_{ab} = \bar{F}_{ab} - \sum_{dkl} \tilde{R}_{kl}^{ad} (ld|kb)$$

$$\bar{E}_{ij} = \bar{F}_{ij} - \sum_{cdl} \tilde{R}_{il}^{cd} (ld|jc)$$

$$B_{ij}^{ab}(L,R) = \frac{(2-\mathscr{P}_{ab})(i\bar{a}|jb) + (2-\mathscr{P}_{ab})\mathscr{S}_{ij}^{ab} L_{ai} \bar{F}_{jb}}{\varepsilon_i - \varepsilon_a + \varepsilon_j - \varepsilon_b + \omega_R + \omega_L}$$

B. Zu Kapitel 3

Tabelle B.5 – Ausdrücke für die links- und rechtsseitige Jacobi-Transformation sowie für die beidseitige Transformation der **B**-Matrix.

$L_S \mathbf{A}^{\text{eff}}_{SS}(\omega_L)$	$\mathbf{A}^{\text{eff}}_{SS}(\omega_R) R_S$	$(LBR)_S - \sum_D \frac{(LBR)_D \mathbf{A}_{DS}}{\varepsilon_D + \omega_L - \omega_R}$
$\bar{\sigma}^0_{ai} = \sum_d E_{da} L_{di}$	$\sigma^0_{ai} = \sum_d E_{ad} R_{di}$	$n^0_{ai} = \sum_d \bar{E}_{da} L_{di}$
$\quad - \sum_l L_{al} E_{il}$	$\quad - \sum_l R_{al} E_{li}$	$\quad - \sum_l L_{al} \bar{E}_{il}$
$\bar{\sigma}^G_{ai} = \sum_{dlc} L^{cd}_{il}(ld\hat{|}ca)$	$\sigma^G_{ai} = \sum_{dlc} \tilde{R}^{cd}_{il}(ld\hat{|}ac)$	$n^G_{ai} = \sum_{dlc} B^{cd}_{il}(ld\hat{|}ca)$
		$\quad + \sum_{dlc} L^{cd}_{il}(d\bar{l}|ca)$
$\bar{\sigma}^H_{ai} = -\sum_{dlk} L^{ad}_{kl}(ld\hat{|}ik)$	$\sigma^H_{ai} = -\sum_{dlk} \tilde{R}^{ad}_{kl}(ld\hat{|}ki)$	$n^H_{ai} = -\sum_{dlk} B^{ad}_{kl}(ld\hat{|}ik)$
		$\quad - \sum_{dlk} L^{ad}_{kl}(d\bar{l}|ik)$
$\bar{\sigma}^I_{ai} = \sum_{ck} \hat{K}'_{kcia} \sum_{dl} \tilde{t}^{cd}_{kl} L_{dl}$	$\sigma^I_{ai} = \sum_{ck} \tilde{R}^{ac}_{ik} \sum_{dl} \hat{K}_{kcld} t_{dl}$	$n^I_{ai} = \sum_{ck} \hat{K}_{kcia} \sum_{dl} \tilde{R}^{cd}_{kl} L_{dl}$
	$\quad + \sum_{ck} \tilde{t}^{ac}_{ik} \sum_{dl} \hat{K}'_{kcld} R_{dl}$	
$\bar{\sigma}^J_{ai} = \sum_{ck} L_{ck} \hat{K}'_{ckia}$	$\sigma^J_{ai} = \sum_{ck} \hat{K}'_{kcia} R_{ck}$	$\bar{\sigma}^J_{ai} = \sum_{ck} L_{ck} \bar{K}_{ckia}$

Tabelle B.6 – Ausdrücke für die singulett- und triplett-adaptierten linken und rechten Amplituden. $\mathscr{P}_{ab}$ ist dabei der Permutationsoperator für die Indizes a und b. Der Symmetrisierungs- und der Antisymmetrisierungsoperator wirken gemäß $\mathscr{S}_{ij}^{ab}(ai|bj) = (ai|bj) + (bj|ai)$ sowie $\mathscr{A}_{ij}^{ab}(ai|bj) = (ai|bj) - (bj|ai)$. Die hier verwendeten ähnlichkeitstransformierten Integrale sind in Tab. B.2 aufgeführt.

$$^1L_{ij}^{ab} = 2L_{ij}^{ab} - L_{ij}^{ba}$$

$$L_{ij}^{ab}(-\omega) = (2 - \mathscr{P}_{ab})\frac{(ai\tilde{|}jb) + \mathscr{S}_{ij}^{ab} L_{ai}\hat{F}_{jb}}{\varepsilon_i - \varepsilon_a + \varepsilon_j - \varepsilon_b + \omega}$$

$$^3L_{ij}^{ab} = {}^{(+)}L_{ij}^{ab} + {}^{(-)}L_{ij}^{ab}$$

$$^{(+)}L_{ij}^{ab}(-\omega) = (1 - \mathscr{P}_{ab})\frac{(ai\tilde{|}jb) + \mathscr{S}_{ij}^{ab} L_{ai}\hat{F}_{jb}}{\varepsilon_i - \varepsilon_a + \varepsilon_j - \varepsilon_b + \omega}$$

$$^{(-)}L_{ij}^{ab}(-\omega) = \frac{{}^{(-)}(ai\tilde{|}jb) + \mathscr{A}_{ij}^{ab} L_{ai}\hat{F}_{jb}}{\varepsilon_i - \varepsilon_a + \varepsilon_j - \varepsilon_b + \omega}$$

$$^1R_{ij}^{ab} = 2R_{ij}^{ab} - R_{ij}^{ba}$$

$$R_{ij}^{ab}(\omega) = \frac{(ai\tilde{|}bj)}{\varepsilon_i - \varepsilon_a + \varepsilon_j - \varepsilon_b + \omega}$$

$$^3R_{ij}^{ab} = {}^{(+)}R_{ij}^{ab} + {}^{(-)}R_{ij}^{ab}$$

$$^{(+)}R_{ij}^{ab}(\omega) = \frac{(ai\tilde{|}bj) - (aj\tilde{|}bi)}{\varepsilon_i - \varepsilon_a + \varepsilon_j - \varepsilon_b + \omega}$$

$$^{(-)}R_{ij}^{ab}(\omega) = \frac{{}^{(-)}(ai\tilde{|}bj)}{\varepsilon_i - \varepsilon_a + \varepsilon_j - \varepsilon_b + \omega}$$

Tabelle B.7 – Ausdrücke für die singulett- und triplett-adaptierten CC2-Einteilchendichten zur Berechnung der Übergangsmomente zwischen angeregten Zuständen. σ und ρ repräsentieren hier die Spin-Adaptierung der Amplituden. Die Spin-Adaptierung der ξ-Dichte ist identisch mit der der linken Amplitude, während die A-Dichte für $\sigma = \rho$ singulett- und für $\sigma \neq \rho$ triplett-adaptiert ist. Die Dichten sind in der Λ^p, Λ^h-Basis gegeben. Für die Kontraktion doppelt angeregter triplett-adaptierter Antwortamplituden gilt eine spezielle Summenkonvention $\sum'$, welche im unteren Teil der Tabelle definiert ist. Ausdrücke für die spin-adaptierten Amplituden sind in Tab. B.6 aufgeführt.

	$D^\xi(\,^\sigma L)$	$D^A(\,^\sigma L, \,^\rho R)$
D_{ij}	$-\sum_{abk} \,^\sigma L_{jk}^{ab} t_{ik}^{ab}$	$-\sum_a \,^\sigma L_{aj} \,^\rho R_{ai} - \sum'_{abk} \,^\sigma L_{jk}^{ab} \,^\rho R_{ik}^{ab}$
D_{ia}	$\sum_{jb} t_{ij}^{ab} \,^\sigma L_j^b$	$\sum_{jb} \,^\rho R_{ij}^{ab} \,^\sigma L_{bj} - \sum_b \left(\sum_{kjc} \,^\sigma L_{kj}^{bc} t_{kj}^{ac}\right) \,^\rho R_{bi}$
		$-\sum_j \left(\sum_{cbk} \,^\sigma L_{jk}^{cb} t_{ik}^{cb}\right) \,^\rho R_{aj}$
D_{ai}	$\,^\sigma L_i^a$	0
D_{ab}	$\sum_{ijc} \,^\sigma L_{ij}^{ac} t_{ij}^{bc}$	$\sum_i \,^\sigma L_{ai} \,^\rho R_{bi} + \sum'_{ijc} \,^\sigma L_{ij}^{ac} \,^\rho R_{ij}^{bc}$

$$\sum'_{abk} {}^3 L_{jk}^{ab} \,^3 R_{ik}^{ab} = \tfrac{1}{2} \sum_{abk} {}^{(+)} L_{jk}^{ab} \,^{(+)} R_{ik}^{ab} + \sum_{abk} {}^{(-)} L_{jk}^{ab} \,^{(-)} R_{ik}^{ab}$$

$$\sum'_{ijc} {}^3 L_{ij}^{ac} \,^3 R_{ij}^{bc} = \tfrac{1}{2} \sum_{ijc} {}^{(+)} L_{ij}^{ac} \,^{(+)} R_{ij}^{bc} + \sum_{ijc} {}^{(-)} L_{ij}^{ac} \,^{(-)} R_{ij}^{bc}$$

C. Anhang zu Kapitel 4

Vergleich von CC2, RI-CC2, CCSD und verschiedener Basissätze

Technische Details Alle Rechnungen wurden mit einer lokalen Entwicklerversion von TURBOMOLE [193] durchgeführt. Für konventionelle CC2 und CCSD Rechnungen (d. h. ohne RI-Näherung) wurden DALTON [194] verwendet.

Um die Genauigkeit der RI-CC2-Übergangsmomente zu bestimmen wurde ein kleiner Testsatz bestehend aus 7 Molekülen (H_2O, CO, N_2, H_2CO, H_2CS, C_2H_4 und HCN) und 76 Übergängen aufgestellt (siehe Tabelle C.1). Das Übergangsmoment und die Oszillatorstärke werden dabei getrennt betrachtet, um den Effekt der Anregungsenergie $\Delta E(f \leftarrow i)$ zu untersuchen, welche in Gleichung (2.44) eingeht.

Die Geometrien der Moleküle des Testsatzes wurden auf RI-MP2-Niveau mit der Dunningschen cc-pVTZ Basis [195] optimiert. Der energetisch niedrigste vertikale Anregungszustand wurde als Ausgangszustand für alle Anregungen gewählt. Die Anzahl der Übergänge ist in Tabelle C.1 zusammengestellt und hängt von der Anzahl der möglichen Zuordnungen zwischen verschiedenen Methoden oder Basissätzen ab. Zur Abschätzung des RI-Fehlers und zum Methodenvergleich wurden die Dunningschen Basissätze aug-cc-pVDZ und aug-cc-pVTZ [195–199] mit den zugehörigen Auxiliarbasissätzen aus Lit. [101] verwendet.

Tabelle C.1 – Testsatz bestehend aus 7 Molekülen. Für jede der Studien ist die Anzahl der Übergänge pro Molekül angegeben. Diese hängt von der Zahl der möglichen Zuordnungen der Übergänge zwischen verschiedenen Methoden oder Basissätzen ab.

Molekül	Anzahl der Übergänge für		
	RI-Fehler	CCSD/CC2/CCS Vergleich	Basissatzvergleich
H_2O	11	5	2
CO	11	6	2
N_2	12	8	3
H_2CO	11	6	2
H_2CS	10	4	2
C_2H_4	12	8	1
HCN	9	3	1
Total	76	40	13

C. Zu Kapitel 4

Tabelle C.2 – Die Übergangsmomente der 17 stärksten Übergänge des Testsatzes für die Dunningsche aug-cc-pVDZ Basis in Debye.

Molekül	Zustand		ΔE	Übergangsmoment			Abweichung (%)	
	I	F	eV	CCSD	CC2	RI-CC2	CCSD/CC2	CC2/RI-CC2
H_2O	1^1B_2	1^1A_2	1.66	6.65	7.10	7.10	6.8	0.01
		2^1A_1	4.29	4.53	4.83	4.82	6.5	0.06
		3^1B_2	4.46	3.15	3.48	3.48	10.6	0.01
CO	$1^1\Pi$	$2^1\Sigma^+$	2.41	1.62	1.51	1.51	6.5	0.03
		$2^1\Pi$	3.20	1.08	1.17	1.17	8.6	0.00
		$4^1\Pi$	5.35	1.30	1.64	1.64	26.0	0.00
N_2	$1^1\Pi_g$	$1^1\Delta_u$	3.55	1.16	1.22	1.22	5.0	0.00
		$2^1\Pi_u$	4.66	2.21	2.06	2.06	6.6	0.01
H_2CO	1^1A_2	2^1A_2	3.98	1.10	1.26	1.25	13.8	0.03
		4^1B_1	6.09	1.46	1.64	1.64	12.1	0.01
		3^1A_2	6.75	1.30	1.40	1.40	7.6	0.01
H_2CS	1^1A_2	2^1A_2	6.95	1.52	1.55	1.55	2.1	0.04
		2^1B_2	7.77	1.12	1.09	1.09	2.3	0.21
C_2H_4	1^1B_{1u}	2^1A_g	1.68	7.03	7.21	7.21	2.6	0.03
		1^1B_{3g}	2.38	9.40	9.74	9.74	3.6	0.01
		1^1B_{2g}	2.93	7.97	8.34	8.34	4.7	0.00
HCN	$1^1\Sigma^-$	$1^1\Delta$	3.23	1.88	1.87	1.87	0.7	0.00

Tabelle C.3 – Die Oszillatorstärken der 17 stärksten Übergänge des Testsatzes für die Dunningsche aug-cc-pVDZ Basis.

Molekül	Zustand		ΔE	Oszillatorstärke			Abweichung (%)	
	I	F	eV	CCSD	CC2	RI-CC2	CCSD/CC2	CC2/RI-CC2
H_2O	1^1B_2	1^1A_2	1.66	0.30	0.32	0.32	6.8	0.01
		2^1A_1	4.29	0.34	0.38	0.38	12.7	0.17
		3^1B_2	4.46	0.17	0.20	0.20	21.9	0.00
CO	$1^1\Pi$	$2^1\Sigma^+$	2.41	0.03	0.02	0.02	17.3	0.07
		$2^1\Pi$	3.20	0.01	0.02	0.02	12.7	0.01
		$4^1\Pi$	5.35	0.03	0.05	0.05	60.2	0.00
N_2	$1^1\Pi_g$	$1^1\Delta_u$	3.55	0.02	0.02	0.02	0.2	0.01
		$2^1\Pi_u$	4.66	0.08	0.08	0.08	7.3	0.02
H_2CO	1^1A_2	2^1A_2	3.98	0.02	0.02	0.02	11.7	0.03
		4^1B_1	6.09	0.07	0.09	0.09	17.9	0.03
		3^1A_2	6.75	0.04	0.05	0.05	19.9	0.02
H_2CS	1^1A_2	2^1A_2	6.95	0.04	0.04	0.04	1.4	0.02
		2^1B_2	7.77	0.02	0.02	0.02	7.2	0.26
C_2H_4	1^1B_{1u}	2^1A_g	1.68	0.31	0.33	0.33	7.2	0.07
		1^1B_{3g}	2.38	0.23	0.24	0.24	5.7	0.05
		1^1B_{2g}	2.93	0.18	0.19	0.19	6.8	0.03
HCN	$1^1\Sigma^-$	$1^1\Delta$	3.23	0.05	0.04	0.04	5.3	0.01

Anregungsspektren von PDI

Technische Details Für die Berechnungen wurden die Dunningschen aug-cc-pVDZ und cc-pVTZ Basissätze mit den jeweiligen Auxiliarbasissätzen verwendet. Die Geometrie des ersten angeregten Singulett- und Triplettzustandes wurden auf ADC(2)/TZVPP [100, 126]-Niveau optimiert. Um einen qualitativen Überblick über die Anregungen zu erhalten wurden *State-Averaged Multiconfigurational Self-Consistent Field* (MCSCF) Rechnungen mit MOLPRO [200] und der cc-pVDZ-Basis durchgeführt.

Anregungsspektren der Polyacene

Technische Details Die Berechnungen der Triplett-Spektren der Polyacene wurden auf CC2/ aug-cc-pVTZ Niveau mit dem entsprechenden Auxiliarbasissatz durchgeführt. Die Geometrien der T_1-Zustände wurden auf ADC(2)/TZVPP Niveau optimiert.

> **Tabelle C.4** – $T_n \leftarrow T_1$-Übergänge von Naphthalin (mit einer Oszillatorstärke ≥ 0.01, außer wenn wichtig für Vgl. mit anderen Werten). Mit RI-CC2/aug-cc-pVTZ berechnete vertikale Anregungen aus dem relaxierten T_1-Zustand (1^3B_{2u}) im Vergleich zum Experiment und CASPT2-Rechnungen.

Zustände	ΔE / eV			Oszillatorstärke		
	CC2	CASPT2[a]	Exp.[b]	CC2	CASPT2[a]	Exp.[b]
1^3B_{1g}	1.64	1.33	1.97	0.00		0.00
2^3B_{1g}	3.07	3.26	3.00	0.18	0.12	0.12
1^3A_g	3.10	2.35	2.54	0.00	0.00	0.00
3^3B_{1g}	3.88	3.45		0.06		
2^3A_g	3.93	3.19		0.00	0.00	
3^3A_g	4.12	3.55	3.10	0.05		0.01
4^3A_g	4.94		4.50	0.10		0.13
5^3B_{1g}	5.39			0.02		

[a]CASPT2-Ergebnisse bei der S_0-Geometrie von Schreiber *et al.* [112].
[b]Triplett–Triplett-Absorptionsspektrum in Lösung (Methanol/Ethanol) [122].

Tabelle C.5 – $T_n \leftarrow T_1$-Übergänge von Anthracen (mit einer Oszillatorstärke ≥ 0.01, außer wenn wichtig für Vgl. mit anderen Werten). Mit RI-CC2/aug-cc-pVTZ berechnete vertikale Anregungen aus dem relaxierten T_1-Zustand (1^3B_{2u}) im Vergleich zum Experiment.

Zustände	ΔE / eV		Oszillatorstärke	
	CC2	Exp.[a]	CC2	Exp.[a]
1^3B_{1g}	1.71	1.40	0.00	0.00
1^3B_{3g}	2.95	2.40	0.00	0.04
2^3B_{1g}	3.08	2.92	0.48	0.25
2^3A_g	4.13	3.77	0.04	0.03
3^3A_g	4.22		0.01	
3^3B_{1g}	4.53		0.02	

[a]Triplett–Triplett-Absorptionsspektrum in Lösung (Methanol/Ethanol) [122].

C. Zu Kapitel 4

Tabelle C.6 – $T_n \leftarrow T_1$-Übergänge von Tetracen (mit einer Oszillatorstärke ≥ 0.01, außer wenn wichtig für Vgl. mit anderen Werten). Mit RI-CC2/aug-cc-pVTZ berechnete vertikale Anregungen aus dem relaxierten T_1-Zustand (1^3B_{2u}) im Vergleich zum Experiment.

Zustand	ΔE / eV		Oszillatorstärke	
	CC2	Exp.[a]	CC2	Exp.[a]
1^3B_{1g}	1.57	1.29	0.00	0.00
$\{2^3B_{1g}$	2.88	2.58[b]	0.66	0.20$\}$
$\phantom{\{}3^3B_{1g}$	2.92	2.68[b]	0.11	0.45$\}$
3^3B_{1g}	2.92		0.11	
4^3B_{1g}	3.83	3.90	0.01	0.15
2^3A_g	4.07		0.06	
5^3B_{1g}	4.55		0.03	
4^3A_g	4.81	5.08	0.06	0.20

[a]Triplett–Triplett-Absorptionsspektrum in Lösung (Methanol/Ethanol) [122].
[b]Möglicherweise stark überlappende Banden, siehe Text.

Tabelle C.7 – $T_n \leftarrow T_1$-Übergänge von Pentacen (mit einer Oszillatorstärke ≥ 0.01). Mit RI-CC2/aug-cc-pVTZ berechnete vertikale Anregungen aus dem relaxierten T_1-Zustand (1^3B_{2u}).

Zustand	ΔE / eV	Oszillatorstärke
	CC2	CC2
2^3B_{1g}	2.67	1.06
2^3A_g	3.99	0.06
4^3B_{1g}	4.01	0.04
5^3A_g	4.78	0.05

Genauigkeit von SOMEs

Tabelle C.8 – Beiträge zu den $S_0 \leftarrow T_n$-Spin-Bahn-Matrixelementen (SOMEs) von Thiophen auf CC2/cc-pVDZ-Niveau. *Exakt* bedeutet in diesem Zusammenhang, dass Coulomb- bzw. Austauschbeiträge analytisch berechnet werden, *Num.* steht für die numerische Berechnung, *Semi.* für die semi-numerische Berechnung und *RI* für die analytische Berechnung mit Hilfe der RI-Näherung.

T_n	ΔE / eV	SOMEs / cm^{-1}						
		1-Elek.	Coulomb				Austausch	
		Exakt	Num.	Semi.	RI	Exakt	1-Zentr.	Exakt
$T_5\ 1^3A_2$	6.77	135.30	17.03	17.49	17.49	17.50	7.77	7.60
$T_8\ 2^3A_2$	7.92	11.56	3.97	4.04	4.03	4.04	2.04	1.78
3^3A_2	8.57	5.25	0.22	0.17	0.17	0.17	1.35	1.18
$T_1\ 1^3B_1$	4.17	0.16	0.61	0.61	0.61	0.48	0.03	0.04
$T_6\ 2^3B_1$	7.08	8.56	1.41	1.46	1.46	1.46	0.49	0.47
$T_9\ 3^3B_1$	8.46	139.11	20.70	21.21	21.21	21.21	8.53	8.31
$T_4\ 1^3B_2$	6.76	13.71	2.94	3.05	3.05	3.05	2.30	2.11
$T_7\ 2^3B_2$	7.85	147.98	24.71	25.38	25.39	25.38	11.19	11.10
3^3B_2	8.50	44.03	6.76	6.94	6.94	6.94	3.28	3.16
MAX[a]			0.67	0.13	0.13		0.26	
MAD[b]			0.25	0.02	0.02		0.14	

[a]Maximale Abweichung von *Exakt*.
[b]Durchschnittliche absolute Abweichung von *Exakt*.

C. Zu Kapitel 4

Tabelle C.9 – Beiträge zu den $S_m \leftarrow T_n$-Spin-Bahn-Matrixelementen (SOMEs) von Thiophen auf CC2/cc-pVDZ-Niveau. *Exakt* bedeutet in diesem Zusammenhang, dass Coulomb- bzw. Austauschbeiträge analytisch berechnet werden, *Num.* steht für die numerische Berechnung, *Semi.* für die semi-numerische Berechnung und *RI* für die analytische Berechnung mit Hilfe der RI-Näherung.

T_n	S_m	ΔE / eV	SOMEs / cm^{-1}						
			1-Elek.	Coulomb				Austausch	
			Exakt	Num.	Semi.	RI	Exakt	1-Zentr.	Exakt
1^3A_1	1^1A_2	2.07	55.40	7.33	7.49	7.49	7.49	2.97	2.81
1^3A_1	1^1B_1	1.37	0.21	0.78	0.79	0.79	0.61	0.07	0.16
1^3A_1	1^1B_2	2.00	0.91	0.39	0.42	0.42	0.43	0.64	0.53
2^3A_1	1^1A_2	0.59	7.75	1.07	1.09	1.09	1.09	0.36	0.32
2^3A_1	1^1B_1	0.11	1.58	2.15	2.16	2.16	1.11	0.05	0.05
2^3A_1	1^1B_2	0.52	11.89	2.18	2.29	2.29	2.29	2.32	1.96
1^3A_2	1^1A_1	0.76	69.47	9.29	9.51	9.50	9.51	3.71	3.58
1^3A_2	1^1B_1	0.34	26.22	3.20	3.30	3.30	3.30	1.42	1.37
1^3A_2	1^1B_2	0.29	3.10	0.73	0.71	0.71	0.75	0.35	0.37
2^3A_2	1^1A_1	1.91	1.16	0.02	0.05	0.05	0.04	0.21	0.19
2^3A_2	1^1B_1	1.49	8.08	0.26	0.25	0.25	0.25	0.67	0.47
2^3A_2	1^1B_2	0.86	21.23	1.72	1.87	1.87	1.87	2.07	1.53
1^3B_1	1^1A_1	1.85	1.88	2.19	2.20	2.20	1.40	0.03	0.03
1^3B_1	1^1A_2	2.97	3.05	0.28	0.27	0.27	0.27	0.11	0.05
1^3B_1	1^1B_2	2.90	67.44	8.82	9.03	9.02	9.03	3.70	3.50
2^3B_1	1^1A_1	1.06	2.48	1.99	2.00	2.00	2.25	0.03	0.12
2^3B_1	1^1A_2	0.06	22.05	3.59	3.75	3.75	3.75	3.08	2.68
2^3B_1	1^1B_2	0.01	5.25	0.80	0.81	0.81	0.81	0.33	0.30
1^3B_2	1^1A_1	0.75	0.47	0.12	0.08	0.07	1.21	0.97	0.77
1^3B_2	1^1A_2	0.37	4.37	1.66	1.68	1.68	1.78	0.24	0.07
1^3B_2	1^1B_1	0.33	58.67	7.77	7.94	7.94	7.94	3.18	2.96
2^3B_2	1^1A_1	1.83	114.78	14.57	14.94	14.95	14.94	5.88	5.83
2^3B_2	1^1A_2	0.71	2.31	0.15	0.16	0.16	0.18	0.26	0.15
2^3B_2	1^1B_1	1.41	0.75	0.76	0.78	0.78	1.12	0.65	0.67
MAX^a				1.09	1.13	1.14		0.54	
MAD^b				0.24	0.16	0.16		0.14	

^{a}Maximale Abweichung von *Exakt*.
^{b}Durchschnittliche absolute Abweichung von *Exakt*.

Tabelle C.10 – $S_0 \leftarrow T_n$-Spin-Bahn-Matrixelemente (SOMEs) von Dithiin auf CC2/cc-pVDZ-Niveau. Dabei wurde der Einelektronen-Beitrag berücksichtigt und der Coulomb-Beitrag semi-numerisch berechnet.

T_n	ΔE / eV	SOMEs / cm^{-1}		Differenz / cm^{-1}
		1-Zentr. Austausch	Exakter Austausch	
1^3A	4.01	100.05	100.14	0.09
3^3A	5.19	89.91	90.01	0.10
4^3A	5.63	29.77	29.83	0.06
6^3A	6.34	117.18	117.38	0.20
8^3A	6.53	35.20	35.25	0.05
10^3A	7.02	19.05	19.26	0.21
13^3A	7.26	22.61	22.39	-0.22
14^3A	7.43	33.63	33.76	0.13
1^3B	2.21	42.59	42.66	0.07
3^3B	3.59	56.48	56.55	0.07
4^3B	4.71	3.15	3.21	0.06
7^3B	5.85	87.83	87.95	0.12
8^3B	6.48	168.09	168.41	0.32
9^3B	6.68	32.95	33.05	0.09
12^3B	7.28	88.76	88.88	0.12
14^3B	7.45	65.74	65.84	0.10
MAX[a]				0.32
MAD[b]				0.13

[a] Maximale Abweichung.
[b] Durchschnittliche absolute Abweichung.

Tabelle C.11 – $S_m \leftarrow T_n$-Spin-Bahn-Matrixelemente (SOMEs) von Dithiin auf CC2/cc-pVDZ-Niveau. Dabei wurde der Einelektronen-Beitrag berücksichtigt und der Coulomb-Beitrag semi-numerisch berechnet.

T_n	S_m	ΔE / eV	SOMEs / cm^{-1}		Differenz / cm^{-1}
			1-Zentr. Austausch	Exakter Austausch	
1^3A	1^1A	0.65	4.97	4.98	0.02
1^3A	2^1A	1.97	6.58	6.60	0.02
1^3A	1^1B	1.18	44.84	44.85	0.01
1^3A	2^1B	0.91	29.15	29.21	0.06
2^3A	1^1A	0.53	18.35	18.45	0.10
2^3A	2^1A	0.79	9.09	9.10	0.01
2^3A	1^1B	2.36	54.18	54.31	0.13
2^3A	2^1B	0.27	38.96	38.99	0.03
3^3A	1^1A	0.96	4.56	4.60	0.04
3^3A	2^1A	0.36	5.01	5.01	0.00
3^3A	1^1B	2.79	51.02	51.59	0.58
3^3A	2^1B	0.70	22.63	22.73	0.10
1^3B	1^1A	2.45	53.76	53.80	0.04
1^3B	2^1A	3.77	56.90	57.35	0.44
1^3B	1^1B	0.63	5.19	5.17	-0.01
1^3B	2^1B	2.72	56.19	56.20	0.02
2^3B	1^1A	1.07	31.02	31.04	0.02
2^3B	2^1A	2.39	41.38	41.82	0.45
2^3B	1^1B	0.76	78.62	78.74	0.12
2^3B	2^1B	1.33	38.39	38.44	0.05
3^3B	1^1A	0.05	42.19	42.26	0.06
3^3B	2^1A	1.27	39.96	40.23	0.26
3^3B	1^1B	1.88	20.90	20.73	-0.16
3^3B	2^1B	0.21	11.81	11.80	-0.01
MAX[a]					0.58
MAD[b]					0.11

[a] Maximale Abweichung.
[b] Durchschnittliche absolute Abweichung.

Tabelle C.12 – $S_0 \leftarrow T_n$-Spin-Bahn-Matrixelemente (SOMEs) von Thiophen auf CC2/cc-pVDZ-Niveau. *Exakt* bedeutet in diesem Zusammenhang, dass Coulomb- und Austausch-Beitrag analytisch berechnet wurden. *Standard* steht für die Verwendung der semi-numerischen Berechnung des Coulomb-Anteils und der Einzentren-Näherung für den Austausch-Beitrag.

T_n		ΔE / eV	SOMEs / cm^{-1}			
			Standard		Exakt	Andere [124]
			CC2	ADC(2)	CC2	DFT/MRCI
T_5	1^3A_2	6.77	110.04	119.32	110.21	94.71
T_8	2^3A_2	7.92	5.48	5.01	5.74	
	3^3A_2	8.57	6.43	6.51	6.26	
T_1	1^3B_1	4.17	0.30	0.33	0.29	0.07
T_6	2^3B_1	7.08	6.62	7.70	6.64	3.29
T_9	3^3B_1	8.46	109.37	116.62	109.59	
T_4	1^3B_2	6.76	8.37	8.49	8.56	13.37
T_7	2^3B_2	7.85	111.42	108.70	111.51	
	3^3B_2	8.50	33.82	44.76	33.93	
MAX[a]			0.26	10.95		
MAD[b]			0.14	3.55		

[a] Maximale Abweichung von *Exakt*.
[b] Durchschnittliche absolute Abweichung von *Exakt*.

C. Zu Kapitel 4

Tabelle C.13 – $S_m \leftarrow T_n$-Spin-Bahn-Matrixelemente (SOMEs) von Thiophen auf CC2/cc-pVDZ-Niveau. *Exakt* bedeutet in diesem Zusammenhang, dass Coulomb- und Austausch-Beitrag analytisch berechnet wurden. *Standard* steht für die Verwendung der semi-numerischen Berechnung des Coulomb-Anteils und der Einzentren-Näherung für den Austausch-Beitrag.

T_n	S_m	ΔE / eV	SOMEs / cm^{-1}			Andere [124]
			Standard		Exakt	
			CC2	ADC(2)	CC2	DFT/MRCI
1^3A_1	1^1A_2	2.07	44.94	40.32	45.11	
1^3A_1	1^1B_1	1.37	0.75	0.61	0.66	
1^3A_1	1^1B_2	2.00	0.08	0.07	0.11	
2^3A_1	1^1A_2	0.59	6.31	10.52	6.34	
2^3A_1	1^1B_1	0.11	0.42	0.45	0.54	
2^3A_1	1^1B_2	0.52	7.28	5.42	7.64	
1^3A_2	1^1A_1	0.76	56.26	51.23	56.38	44.26
1^3A_2	1^1B_1	0.34	21.50	19.27	21.56	
1^3A_2	1^1B_2	0.29	3.50	2.45	3.47	
2^3A_2	1^1A_1	1.91	0.98	0.78	1.01	
2^3A_2	1^1B_1	1.49	9.00	7.53	8.80	
2^3A_2	1^1B_2	0.86	17.30	16.73	17.84	
1^3B_1	1^1A_1	1.85	0.45	0.19	0.45	0.35
1^3B_1	1^1A_2	2.97	2.93	2.08	2.88	
1^3B_1	1^1B_2	2.90	54.72	42.54	54.92	
2^3B_1	1^1A_1	1.06	0.25	0.42	0.20	0.47
2^3B_1	1^1A_2	0.06	15.22	13.42	15.63	
2^3B_1	1^1B_2	0.01	4.11	5.53	4.14	
1^3B_2	1^1A_1	0.75	3.02	4.20	2.80	3.13
1^3B_2	1^1A_2	0.37	2.34	2.35	2.50	
1^3B_2	1^1B_1	0.33	47.55	42.94	47.76	
2^3B_2	1^1A_1	1.83	93.96	99.32	94.01	
2^3B_2	1^1A_2	0.71	1.87	1.78	1.98	
2^3B_2	1^1B_1	1.41	2.58	1.18	2.61	
MAX^a			0.54	12.18		
MAD^b			0.14	2.11		

^{a}Maximale Abweichung von *Exakt*.
^{b}Durchschnittliche absolute Abweichung von *Exakt*.

D. Anhang zu Kapitel 5

Triplett-Excimer von BPP

Technische Details Falls nicht anders erwähnt, wurden alle Berechnungen an BPP mit C_2-Symmetrie durchgeführt. Als Basis dienten die Dunningschen cc-pVXZ-Basen [195] mit X=D, T und die zugehörigen optimierten Auxiliarbasen [101, 201].

Die Grundzustandsoptimierungen wurden auf MP2/cc-pVTZ-Niveau durchgeführt, während zur Optimierung der angeregten Zustände die ADC(2)-Methode (mit der selben Basis) zum Einsatz kam. Die Singulett–Singulett- ($S_n \leftarrow S_1$) und Triplett–Triplett- ($T_n \leftarrow T_1$) Übergangsmomente wurden mit CC2/cc-pVTZ berechnet. Als Geometrien für diese Berechnungen wurden die optimierten Strukturen des S_1- und des T_1-Zustandes herangezogen.

Auf die Simulation von Lösungsmitteleffekten wurde in dieser Anwendung verzichtet, welche in der damaligen Implementierung nicht möglich war. Da es sich bei diesem Beispiel jedoch um unpolare Moleküle in einem unpolaren Lösungsmittel handelt, kann man davon ausgehen, dass die Lösungsmitteleffekte eine untergeordnete Rolle spielen (siehe dazu auch Abschnitt 5.3.2).

Tabelle D.1 – $S_n \leftarrow S_1$ vertikale Anregungsenergien ΔE in eV und Oszillatorstärken f von DMBP und BPP an der S_1-Geometrie. Nur Zustände mit einer Oszillatorstärke $f \geq 0.01$ sind aufgeführt. Für DMBP sind die Bandenmaxima aus dem transienten Absorptionsspektrum von unsubstituiertem Biphenyl [154] in Klammern angegeben. Siehe auch Abb. 5.9.

	DMBP			BPP		
Endzustand	ΔE	f		Endzustand	ΔE	f
6^1A	1.94 (1.85)	0.288		3^1B	1.66	0.257
10^1A	2.48 (3.2^a)	0.090		4^1A	1.72	0.441
				4^1B	1.75	0.048
				5^1B	1.87	0.012
				5^1A	2.05	0.166

[a] Hierbei handelt es sich wahrscheinlich um einen Übergang zum Leitungsband.

D. Zu Kapitel 5

Tabelle D.2 – $T_n \leftarrow T_1$ vertikale Anregungsenergien ΔE in eV und Oszillatorstärken f von DMBP und BPP an der T_1-Geometrie. Nur Zustände mit einer Oszillatorstärke $f \geq 0.01$ sind aufgeführt. Die Bandenmaxima aus dem transienten Absorptionsspektrum von Yamaji [11] sind in Klammern angegeben. Siehe auch Abb. 5.10.

	DMBP			BPP		
Endzustand	ΔE	f	Endzustand	ΔE	f
9^3A	3.59 (3.26)	1.011	6^3B	2.23 (2.08)	0.265
11^3A	3.69 (3.26[a])	0.099	7^3A	2.65 (2.76)	0.697

[a]Dieser Übergang ist wahrscheinlich Teil der Bande um 3.26 eV.

Triplett-Excimer von Naphthalin

Technische Details Alle Berechnungen wurden, soweit nicht anders erwähnt, mit den Dunningschen korrelations-konsistenten Basissätzen cc-pVXZ [X=D, T] [195] und den jeweiligen Auxiliarbasissätzen [101,201] durchgeführt. Für einige Berechnungen wurden auch die augmentierten Versionen dieser Basissätze aug-cc-pVXZ [199] verwendet.

Geometrieoptimierungen der angeregten Zustände wurden auf ADC(2)/cc-pVTZ-Niveau durchgeführt, während die Grundzustandsoptimierungen mit MP2 und der selben Basis durchgeführt wurden. Die Triplett–Triplett-Übergangsmomente ($T_n \leftarrow T_1$) wurden auf CC2/cc-pVTZ-Niveau mit der in der vorliegenden Arbeit beschriebenen Implementierung [153] berechnet. Als Geometrien für diese Berechnungen wurden die jeweiligen optimierten T_1-Strukturen verwendet. Zusätzlich wurden für das koplanare Dimer Rechnungen mit der aug-cc-pVTZ-Basis an den Kohlenstoffatomen und der cc-pVTZ-Basis an den Wasserstoffen (diese Kombination wird hier als (aug)-cc-pVTZ bezeichnet) durchgeführt, um den Einfluss diffuser Basisfunktionen auf die Ergebnisse zu testen. Dabei wurden nur sehr geringe Abweichungen festgestellt. Da diese Arbeit sich nur mit dem Vergleich mit Spektren in Lösung beschäftigt, ist eine genaue Beschreibung diffuser Zustände nicht nötig, weshalb die Verwendung der nicht augmentierten Basis ausreichend sein sollte. Das Naphthalin-Kation (Ladung +1) und das zugehörige Anion (Ladung -1) wurden auf ADC(2)/cc-pVTZ- und ADC(2)/(aug)-cc-pVTZ-Niveau unter Verwendung eines von Stanton und Gauss [202] vorgeschlagenen Verfahrens optimiert, welches auf Standardmethoden für Anregungsenergien in Verbindung mit einer sehr diffusen Basisfunktion (Exponent 10^{-41}) beruht. Diese Vorgehensweise ermöglicht eine Optimierung des Anions und des Kations in einer spin-adaptierten Basis. Numerische zweite Ableitungen wurden mit Hilfe des NumForce-Skripts von TURBOMOLE [96] berechnet.

Zur Berechnung der Lösungsmitteleffekte kam das *Conductor-Like Screening Model* [183] (COSMO) zum Einsatz. Dazu wurde COSMO von Lunkenheimer und Köhn [203] in gleicher Weise in das RICC2-Modul von TURBOMOLE implementiert wie dies in Lit. 204 für das *Polarizable Continuum Model* [205] (PCM) beschrieben wurde. Dabei wird eine iterative Prozedur für die CC2-Rechnung durchgeführt, bis die Lösungsmittel-Ladungsdichte und die Antwort des Lösungsmittels Selbstkonsistenz erreicht haben. Dieses Verfahren ist zustandsspezifisch, das heißt die Lösungsmittel-Dichte und die Dichte des gelösten Moleküls hängen beide vom betrachteten Zustand ab. Als Parameter für die COSMO-Rechnungen wurde ein Kohlenstoff-Radius von 2.0 Å und ein Wasserstoff-Radius von 1.3 Å verwendet. Der Lösungsmittel-Radius wurde ebenfalls auf 1.3 Å eingestellt. Diese Parameter bestimmen die Oberfläche der Kavität in welche das gelöste Molekül eingebettet ist.

D. Zu Kapitel 5

Tabelle D.3 – In dieser Arbeit verwendete Koordinaten des 50° L-förmigen Naphthalin-Dimers in Bohr.

-1.79494999444731	-3.46220680663523	-4.73595902725425	c
-0.51611521343796	-3.93295297226546	-2.35536586713494	c
-1.74284246560294	-3.52263439717146	0.00000000000000	c
-4.34054542821843	-2.61900332949873	0.00000000000000	c
-5.56273973340314	-2.19076010315097	-2.35635160258623	c
-4.25893001661215	-2.59543295335893	-4.73542394577841	c
-0.51611521343796	-3.93295297226546	2.35536586713494	c
-5.56273973340314	-2.19076010315097	2.35635160258623	c
-4.25893001661215	-2.59543295335893	4.73542394577841	c
-1.79494999444731	-3.46220680663523	4.73595902725425	c
1.45833411360908	-4.57238084413106	2.36394102017192	h
-0.79559616012327	-3.83932581771033	-6.51761611557141	h
1.45833411360908	-4.57238084413106	-2.36394102017192	h
-7.54438092559944	-1.56080136298316	-2.36525873081304	h
-5.23518052415660	-2.15332934093479	-6.51497343390321	h
-7.54438092559944	-1.56080136298316	2.36525873081304	h
-5.23518052415660	-2.15332934093479	6.51497343390321	h
-0.79559616012327	-3.83932581771033	6.51761611557141	h
2.57925092701205	4.30907278402040	-4.63827824705375	c
2.19859257170371	5.58332150047726	-2.36436049701459	c
2.61504561759655	4.34269847557207	0.00000000000000	c
3.48940474870110	1.75732968758231	0.00000000000000	c
3.89131115130589	0.51094692407988	-2.36213219130855	c
3.46100771933040	1.76341340787026	-4.63916224668287	c
2.19859257170371	5.58332150047726	2.36436049701459	c
3.89131115130589	0.51094692407988	2.36213219130855	c
3.46100771933040	1.76341340787026	4.63916224668287	c
2.57925092701205	4.30907278402040	4.63827824705375	c
1.59825953518296	7.57501664049470	2.36350992390102	h
2.15017549595894	5.25294759190122	-6.43893726500189	h
1.59825953518296	7.57501664049470	-2.36350992390102	h
4.52771795314245	-1.46550978483929	-2.35328614506607	h
3.83271186429627	0.79878591892333	-6.44175084386302	h
4.52771795314245	-1.46550978483929	2.35328614506607	h
3.83271186429627	0.79878591892333	6.44175084386302	h
2.15017549595894	5.25294759190122	6.43893726500189	h

Tabelle D.4 – In dieser Arbeit verwendete Koordinaten des 90° L-förmigen Naphthalin-Dimers in Bohr.

-2.70855543319284	-4.00000000000000	-4.68764451091328	c
-1.35532976940218	-4.00000000000000	-2.32994547732767	c
-2.63434017301345	-4.00000000000000	0.00000000000000	c
-5.35917325136413	-4.00000000000000	0.00000000000000	c
-6.63818365497540	-4.00000000000000	-2.32994547732767	c
-5.28495799118474	-4.00000000000000	-4.68764451091328	c
-1.35532976940218	-4.00000000000000	2.32994547732767	c
-6.63818365497540	-4.00000000000000	2.32994547732767	c
-5.28495799118474	-4.00000000000000	4.68764451091328	c
-2.70855543319284	-4.00000000000000	4.68764451091328	c
0.69071504674836	-4.00000000000000	2.33790535220895	h
-1.66011458895447	-4.00000000000000	-6.44125319584909	h
0.69071504674836	-4.00000000000000	-2.33790535220895	h
-8.68422847112594	-4.00000000000000	-2.33790535220895	h
-6.33339883542311	-4.00000000000000	-6.44125319584909	h
-8.68422847112594	-4.00000000000000	2.33790535220895	h
-6.33339883542311	-4.00000000000000	6.44125319584909	h
-1.66011458895447	-4.00000000000000	6.44125319584909	h
3.99675671218879	5.33335992485637	-4.58562804978863	c
3.99675671218879	6.64697866774996	-2.33897985414992	c
3.99675671218879	5.35126447854124	0.00000000000000	c
3.99675671218879	2.64873552145876	0.00000000000000	c
3.99675671218879	1.35302133225004	-2.33897985414992	c
3.99675671218879	2.66664007514363	-4.58562804978863	c
3.99675671218879	6.64697866774996	2.33897985414992	c
3.99675671218879	1.35302133225004	2.33897985414992	c
3.99675671218879	2.66664007514363	4.58562804978863	c
3.99675671218879	5.33335992485637	4.58562804978863	c
3.99675671218879	8.69395898695480	2.33454939755811	h
3.99675671218879	6.34740608256021	-6.36042926942712	h
3.99675671218879	8.69395898695480	-2.33454939755811	h
3.99675671218879	-0.69395898695480	-2.33454939755811	h
3.99675671218879	1.65259391743979	-6.36042926942712	h
3.99675671218879	-0.69395898695480	2.33454939755811	h
3.99675671218879	1.65259391743979	6.36042926942712	h
3.99675671218879	6.34740608256021	6.36042926942712	h

D. Zu Kapitel 5

Tabelle D.5 – C–C Bindungsabstände in Å (siehe Abb. 5.17 für die Definition der Bindungslängen) im T_1-Zustand der Naphthalin-Oligomere sowie die jeweiligen Abstände zwischen den Monomereinheiten in Å (ADC(2)/cc-pVTZ; ADC(2)/cc-pVDZ für das Pentamer). In der zweiten Spalte ist die Nummer der Monomereinheit im Stapel angegeben, auf die sich der Inhalt der jeweiligen Zeile bezieht. In der letzten Spalte ist die geometrische Verwandtschaft der jeweiligen Monomereinheit im Vergleich zum Grund- (S_0) und T_1-Zustand von Naphthalin sowie zum T_1-Zustand des F2F Naphthalin-Dimers (D) angegeben (der Strich steht für leichte Abweichungen).

Oligomer	M-Nr.	Sym.	Zustand	r_i	r_{mi}	r_{ma}	r_a	δ	
Monomer	1	D_{2h}	S_0	1.43	1.41	1.38	1.41		S_0
	1		T_1 (1^3B_{2u})	1.44	1.41	1.44	1.36		T_1
Dimer F2F	1+2	D_{2h}	T_1 (1^3B_{3g})	1.44	1.41	1.41	1.38	3.08	D
Trimer F2F	2	D_{2h}	T_1 (1^3B_{2u})	1.44	1.41	1.42	1.37	3.22	T_1'
	1+3			1.43	1.41	1.39	1.40		S_0'
Tetramer F2F	2+3	D_{2h}	T_1 (1^3B_{3g})	1.44	1.41	1.41	1.38	3.09[a]	D
	1+4			1.43	1.41	1.38	1.41	3.41[b]	S_0
Pentamer F2F[c]	1	C_{2v}	T_1 (1^3B_2)	1.44	1.43	1.39	1.42	3.53[d]	S_0
	2			1.44	1.42	1.39	1.42	3.35[e]	S_0
	3			1.45	1.42	1.42	1.39	3.14[f]	D
	4			1.45	1.42	1.41	1.40	3.42[g]	D
	5			1.44	1.43	1.39	1.42		S_0

[a] Abstand zwischen Monomer Nr. 2 und 3.
[b] Abstand zwischen Monomer Nr. 1 und 2.
[c] Optimiert auf ADC(2)/cc-pVDZ-Niveau.
[d] Abstand zwischen Monomer Nr. 1 und 2.
[e] Abstand zwischen Monomer Nr. 2 und 3.
[f] Abstand zwischen Monomer Nr. 3 und 4.
[g] Abstand zwischen Monomer Nr. 4 und 5.

E. Veröffentlichungen im Rahmen dieser Arbeit

- M. Pabst und A. Köhn: *Implementation of transition moments between excited states in the approximate coupled-cluster singles and doubles model*, J. Chem. Phys. **129**, 214101 (2008)

- M. Pabst und A. Köhn: *Excited states of [3.3](4,4')biphenylophane: The role of charge-transfer excitations in dimers with $\pi - \pi$ interaction*, J. Phys. Chem. A **114**, 1639 (2010)

- M. Pabst, A. Köhn, J. Gauss und J. F. Stanton: *A worrisome failure of the CC2 coupled-cluster method when applied to ozone*, Chem. Phys. Lett. **495**, 135 (2010)

- M. Pabst, B. Lunkenheimer und A. Köhn: *The triplet excimer of naphthalene: a model system for triplet-triplet interactions and its spectral properties*, eingereicht bei J. Phys. Chem. C (2011)

Abkürzungsverzeichnis

Full-CI	Konfigurationswechselwirkung im Raum aller möglichen N-Elektronen Slaterdeterminanten
ADC	*Algebraic Diagrammatic Construction*
BSSE	*Basis Set Superposition Error*, Basissatz-Superpositions-Fehler
CASPT2	*Complete Active Space Perturbation Theory to Second Order*
CC	*Coupled-Cluster*
CC2, CC3	Störungstheoretisch motivierte Näherungen zu CCSD bzw. CCSDT
CCD	*Coupled-Cluster* Methode mit (ausschließlich) Zweifachanregungsoperatoren (*doubles*) im Clusteroperator
CCS, CCSD, CCSDT	*Coupled-Cluster* Methode mit bis zu Einfach- (*singles*), Zweifach- (*doubles*) bzw. Dreifachanregungsoperatoren (*triples*) im Clusteroperator
CI	*Configuration Interaction*
CIS	Konfigurationswechselwirkung im Raum der bezgl. Hartree-Fock einfachangeregten Slaterdeterminanten
CIS(D_∞)	Iterative Variante von CIS(D)
CIS(D)	CIS mit Korrektur für Doppelanregungen
CT	*Charge-Transfer*
DFT	Dichtefunktionaltheorie
DNS	Desoxyribonukleinsäure
EET	Elektronischer Energietransfer
EOM	*Equation-of-Motion*
F2F	*Face-to-Face*
FC	Franck-Condon
HF	Hartree-Fock
HOMO	*Highest Occupied Molecular Orbital*
IC	*Internal Conversion*, innere Umwandlung
INDO/S	*Intermediate Neglect of Differential Overlap / Screened Approximation*
ISC	*Inter-System Crossing*
LE	*Local Excitation*, lokale Anregung
LR	*Linear Response*
LUMO	*Lowest Unoccupied Molecular Orbital*
MCSCF	*Multiconfigurational* SCF
MP2	Møller-Plesset-Störungstheorie 2. Ordnung
MRCI	*Multireference* CI
OLED	*Organic Light Emitting Diode*

Abkürzungsverzeichnis

RI .... *Resolution-of-the-Identity*
RPA .... *Random Phase Approximation*
SCF .... *Self-Consistent Field*
SOME .... *Spin-Orbit Matrix Element*, Spin-Bahn-Matrixelement
SOO .... *Spin-Other Orbit*
SSO .... *Spin-Same Orbit*
TD-DFT .... Zeitabhängige DFT
TDA .... Tamm-Dancoff Näherung
TREPR .... Zeitaufgelöste elektroparamagnetische Resonanzspektroskopie

Abbildungsverzeichnis

4.1. Strukturformel von Perylendiimid (PDI) 37
4.2. $T_n \leftarrow T_1$-Spektren der Polyacene (Benzol bis Pentacen) 41
4.3. Lewis-Strukturen von Thiophen und 1,2-Dithiin 44
5.1. Schematische Darstellung der angeregten Zustände eines Dimers 50
5.2. Mögliche Anregungen eines Dimers 52
5.3. Molekülorbitale von DMBP 56
5.4. Molekülorbitale von BPP 57
5.5. Strukturparameter für BPP und DMBP 58
5.6. Schematische Darstellung der π-Elektronen-Verteilung in DMBP 59
5.7. Schematische Darstellung der π-Elektronen-Verteilung in BPP 61
5.8. Energiediagramm für DMBP und BPP 64
5.9. $S_n \leftarrow S_1$-Spektren von DMBP und BPP 65
5.10. $T_n \leftarrow T_1$-Spektren von DMBP und BPP 66
5.11. Charakterisierung der wichtigsten Übergänge von BPP 67
5.12. Dissoziation eines BPP-Moleküls 69
5.13. Veränderung des T_1- und T_2-Anregungsvektors 70
5.14. Differenzdichte von BPP 70
5.15. Schematische Darstellung der niedrigsten angeregten Zustände von BPP 73
5.16. Untersuchte Anordnungen des Naphthalin-Dimers 74
5.17. Definitionen der Bindungslängen im Naphthalin 76
5.18. Differenzdichte des F2F-Naphthalin-Dimers 79
5.19. Differenzdichten des T-förmigen Naphthalin-Dimers 81
5.20. $T_n \leftarrow T_1$-Spektren von Naphthalin und seinen Dimeren 84
5.21. Dissoziation des F2F-Dimers von Naphthalin 86
5.22. Dissoziation des T-förmigen Dimers von Naphthalin 87
5.23. Charakterisierung der wichtigsten Übergänge im F2F-Naphthalin-Dimer 88
5.24. $T_n \leftarrow T_1$-Spektren der Naphthalin-Oligomere 90

Tabellenverzeichnis

2.1. Definition der Indizes 12
2.2. Genauigkeit von Übergangsmomenten in Ordnungen der Störungstheorie 17
4.1. RI-Fehler der Übergangsmomente 32
4.2. Vergleich von CC2, CCS und CCSD 33
4.3. Vergleich verschiedener Basissätze 34
4.4. $S_n \leftarrow S_1$-Übergänge von Benzol 35
4.5. $T_n \leftarrow T_1$-Übergänge von Benzol 37
4.6. $S_n \leftarrow S_1$-Übergänge von PDI 39
4.7. $T_n \leftarrow T_1$-Übergänge von PDI 40
4.8. Genauigkeit von Spin-Bahn-Matrixelementen 45
4.9. $S_0 \leftarrow T_n$-Spin-Bahn-Matrixelemente von Thiophen 47
4.10. $S_m \leftarrow T_n$-Spin-Bahn-Matrixelemente von Thiophen 48
5.1. Zusammenhang zwischen und Monomer- und Dimer-Molekülorbitalen 55
5.2. Strukturparameter von DMBP und BPP 59
5.3. $T_n \leftarrow S_m$-Spin-Orbit-Matrixelemente von BPP 71
5.4. Strukturparameter des Naphthalins und seiner Dimere 77
5.5. Bindungsenergien der Naphthalin-Oligomere 78
5.6. Solvatationsenergien der Naphthalin-Dimere 82
B.1. Transformationsmatrizen für CC2 97
B.2. Ähnlichkeitstransformierte Zweielektronenintegrale 98
B.3. Singulett- und triplett-adaptierte Integrale und Amplituden 98
B.4. Weitere Intermediate 99
B.5. Links- und rechtsseitige Jacobi-Transformation 100
B.6. Singulett- und triplett-adaptierte linke und rechte Response-Amplituden 101
B.7. Singulett- und triplett-adaptierte CC2-Einteilchendichten 102
C.1. Testsatz für die Übergangsmomente und Oszillatorstärken 103
C.2. Übergangsmomente der 17 stärksten Übergänge des Testsatzes 104
C.3. Oszillatorstärken der 17 stärksten Übergänge des Testsatzes 105
C.4. $T_n \leftarrow T_1$-Übergänge von Naphthalin 106
C.5. $T_n \leftarrow T_1$-Übergänge von Anthracen 107
C.6. $T_n \leftarrow T_1$-Übergänge von Tetracen 108
C.7. $T_n \leftarrow T_1$-Übergänge von Pentacen 108
C.8. Beiträge zu den $S_0 \leftarrow T_n$-Spin-Bahn-Matrixelementen von Thiophen ... 109
C.9. Beiträge zu den $S_m \leftarrow T_n$-Spin-Bahn-Matrixelementen von Thiophen ... 110
C.10. $S_0 \leftarrow T_n$-Spin-Bahn-Matrixelemente von Dithiin 111

C.11. $S_m \leftarrow T_n$-Spin-Bahn-Matrixelemente von Dithiin 112
C.12. $S_0 \leftarrow T_n$-Spin-Bahn-Matrixelemente von Thiophen 113
C.13. $S_m \leftarrow T_n$-Spin-Bahn-Matrixelemente von Thiophen 114
D.1. $S_n \leftarrow S_1$-Spektren von DMBP und BPP 115
D.2. $T_n \leftarrow T_1$-Spektren von DMBP und BPP 116
D.3. Koordinaten des 50° L-förmigen Naphthalin-Dimers 118
D.4. Koordinaten des 90° L-förmigen Naphthalin-Dimers 119
D.5. Strukturdaten für die Naphthalin-Oligomere 120

Literatur

[1] U. F. Röhrig, L. Guidoni, und U. Röthlisberger, *Biochem.* **41**, 10799 (2002).

[2] A. L. Sobolewski, W. Domcke, C. Dedonder-Lardeux, und C. Jouvet, *Phys. Chem. Chem. Phys.* **4**, 1093 (2002).

[3] M. Brinkmann, G. Gadret, M. Muccini, C. Taliani, N. Masciocchi, und A. Sironi, *J. Am. Chem. Soc.* **122**, 5147 (2000).

[4] A. Köhler und H. Bässler, *Mat. Sci. Eng. R.* **66**, 71 (2009).

[5] S. Allard, M. Forster, B. Souharce, H. Thiem, und U. Scherf, *Angew. Chem. Int. Edit.* **47**, 4070 (2008).

[6] J. E. Anthony, *Angew. Chem. Int. Edit.* **47**, 452 (2008).

[7] B. P. Rand, J. Genoe, P. Heremans, und J. Poortmans, *Prog. Photovolt.* **15**, 659 (2007).

[8] V. Coropceanu, J. Cornil, D. A. da Silva Filho, Y. Olivier, R. J. Silbey, und J.-L. Brédas, *Chem. Rev.* **107**, 926 (2007).

[9] R. Rieger und K. Müllen, *J. Phys. Org. Chem.* **23**, 315 (2010).

[10] P.-L. Ong und I. A. Levitsky, *Energies* **3**, 313 (2010).

[11] M. Yamaji, T. Tsukada, H. Shizuka, und J. Nishimura, *Chem. Phys. Lett.* **460**, 474 (2008).

[12] M. Pabst und A. Köhn, *J. Phys. Chem. A* **114**, 1639 (2010).

[13] X. H. Wang, W. G. Kofron, S. Q. Kong, C. S. Rajesh, D. A. Modarelli, und E. C. Lim, *J. Phys. Chem. A* **104**, 1461 (2000).

[14] A. L. L. East und E. C. Lim, *J. Chem. Phys.* **113**, 8981 (2000).

[15] M. Yamaji, H. Tsukada, J. Nishimura, H. Shizuka, und S. Tobita, *Chem. Phys. Lett.* **357**, 137 (2002).

[16] S. Hashimoto und M. Yamaji, *Phys. Chem. Chem. Phys.* **10**, 3124 (2008).

[17] A. Zewail, *J Phys Chem A* **104**, 5660 (2000).

[18] L. X. Chen, *Annu. Rev. Phys. Chem.* **56**, 221 (2005).

[19] R. Berera, R. van Grondelle, und J. T. M. Kennis, *Photosynth. Res.* **101**, 105 (2009).

Literatur

[20] E. Runge und E. K. U. Gross, *Phys. Rev. Lett.* **52**, 997 (1984).

[21] R. Bauernschmitt und R. Ahlrichs, *Chem. Phys. Lett.* **256**, 454 (1996).

[22] F. Furche, *J. Chem. Phys.* **114**, 5982 (2001).

[23] T. A. Wesolowski, O. Parisel, Y. Ellinger, und J. Weber, *J. Phys. Chem. A* **101**, 7818 (1997).

[24] A. Dreuw, J. L. Weisman, und M. Head-Gordon, *J. Chem. Phys.* **119**, 2943 (2003).

[25] R. J. Bartlett, *J. Phys. Chem.* **93**, 1697 (1989).

[26] H. J. Monkhorst, *Int. J. Quant. Chem. Symp.* **11**, 421 (1977).

[27] J. F. Stanton und R. J. Bartlett, *J. Chem. Phys.* **98**, 7029 (1993).

[28] H. Koch und P. Jørgensen, *J. Chem. Phys.* **93**, 3333 (1990).

[29] H. Koch, H. J. Aa. Jensen, P. Jørgensen, und T. Helgaker, *J. Chem. Phys.* **93**, 3345 (1990).

[30] O. Christiansen, H. Koch, und P. Jørgensen, *Chem. Phys. Lett.* **243**, 409 (1995).

[31] H. Koch, O. Christiansen, P. Jørgensen, A. M. Sánchez de Merás, und T. Helgaker, *J. Chem. Phys.* **106**, 1808 (1997).

[32] J. Linderberg und Y. Öhrn, *Propagators in Quantum Chemistry*, Academic Press, London, 2. Edition, 2004.

[33] J. Schirmer, *Phys. Rev. A* **26**, 2395 (1982).

[34] A. B. Trofimov und J. Schirmer, *J. Phys. B* **28**, 2299 (1995).

[35] J. L. Whitten, *J. Chem. Phys.* **58**, 4496 (1973).

[36] B. I. Dunlap, J. W. D. Connolly, und J. R. Sabin, *J. Chem. Phys.* **71**, 3396 (1979).

[37] O. Vahtras, J. Almlöf, und M. W. Feyereisen, *Chem. Phys. Lett.* **213**, 514 (1993).

[38] C. Hättig und A. Köhn, *J. Chem. Phys.* **117**, 6939 (2002).

[39] A. Köhn und C. Hättig, *J. Chem. Phys.* **119**, 5021 (2003).

[40] C. Hättig und F. Weigend, *J. Chem. Phys.* **113**, 5154 (2000).

[41] M. C. Daza, M. Doerr, S. Salzmann, und C. M. Marian, *Phys. Chem. Chem. Phys.* **11**, 1688 (2009).

[42] A. E. Hansen und T. D. Bouman, *Mol. Phys.* **37**, 1713 (1979).

[43] C. W. Bauschlicher, S. R. Langhoff, und P. R. Taylor, *J. Chem. Phys.* **88**, 2540 (1988).

[44] J. Olsen, A. M. Sánchez de Merás, H. J. Aa. Jensen, und P. Jørgensen, *Chem. Phys. Lett.* **154**, 380 (1989).

[45] S. R. Langhoff, C. W. Bauschlicher, A. P. Rendell, und A. Komornicki, *J. Chem. Phys.* **92**, 3000 (1990).

[46] H. Koch und R. Harrison, *J. Chem. Phys.* **95**, 7479 (1991).

[47] H. Koch, R. Kobayashi, A. M. Sánchez de Merás, und P. Jørgensen, *J. Chem. Phys.* **100**, 4393 (1994).

[48] O. Christiansen, A. Halkier, H. Koch, P. Jørgensen, und T. Helgaker, *J. Chem. Phys.* **108**, 2801 (1998).

[49] P. G. Szalay, T. Müller, und H. Lischka, *Phys. Chem. Chem. Phys.* **2**, 2067 (2000).

[50] H. Lischka, R. Shepard, R. Pitzer, I. Shavitt, M. Dallos, T. Müller, P. G. Szalay, M. Seth, G. Kedziora, S. Yabushita, und Z. Y. Zhang, *Phys. Chem. Chem. Phys.* **3**, 664 (2001).

[51] Z. Rinkevicius, I. Tunell, P. Salek, O. Vahtras, und H. Ågren, *J. Chem. Phys.* **119**, 34 (2003).

[52] M. Kállay und J. Gauss, *J. Chem. Phys.* **121**, 9257 (2004).

[53] S. Hirata, *J. Chem. Phys.* **121**, 51 (2004).

[54] B. Nickel und M. F. Rodriguez Prieto, *Z. Phys. Chem. N. F* **150**, 31 (1986).

[55] B. Nickel und M. F. Rodriguez Prieto, *Chem. Phys. Lett.* **146**, 125 (1988).

[56] S. Beckham, T. M. Wright, und M. D. Schuh, *J. Phys. Chem.* **92**, 7057 (1988).

[57] E. C. Lim, *Acc. Chem. Res.* **20**, 8 (1987).

[58] R. J. Locke und E. C. Lim, *J. Phys. Chem.* **93**, 6017 (1989).

[59] J. J. Cai und E. C. Lim, *J. Phys. Chem.* **94**, 8387 (1990).

[60] J. J. Cai und E. C. Lim, *J. Phys. Chem.* **96**, 2935 (1992).

[61] J. J. Cai und E. C. Lim, *J. Phys. Chem.* **97**, 6203 (1993).

[62] E. C. Lim, *Pure Appl. Chem.* **65**, 1659 (1993).

Literatur

[63] J. J. Cai und E. C. Lim, *J. Phys. Chem.* **97**, 8128 (1993).

[64] J. E. del Bene, R. Ditchfield, und J. A. Pople, *J. Chem. Phys.* **55**, 2236 (1971).

[65] M. Caricato, G. W. Trucks, und M. J. Frisch, *J. Chem. Phys.* **131**, 174104 (2009).

[66] T. Helgaker, P. Jørgensen, und J. Olsen, *Molecular Electronic-Structure Theory*, Wiley, Chichester, 2000.

[67] C. Møller und M. S. Plesset, *Phys. Rev.* **46**, 618 (1934).

[68] M. Pabst, A. Köhn, J. Gauss, und J. F. Stanton, *Chem. Phys. Lett.* **495**, 135 (2010).

[69] O. Christiansen, P. Jørgensen, und C. Hättig, *Int. J. Quant. Chem.* **68**, 1 (1998).

[70] J. Olsen und P. Jørgensen, in *Modern Electronic Structure Theory*, edited by D. Yarkonys, volume 2, chapter 13, pp. 857–990, World Scientific, Singapore, 1995.

[71] O. Christiansen, H. Koch, und P. Jørgensen, *J. Chem. Phys.* **103**, 7429 (1995).

[72] A. Köhn und A. Tajti, *J. Chem. Phys.* **127**, 044105 (2007).

[73] C. Hättig und P. Jørgensen, *J. Chem. Phys.* **109**, 9219 (1998).

[74] L. S. Cederbaum und W. Domcke, *Adv. Chem. Phys.* **36**, 205 (1977).

[75] O. Goscinski und B. Lukman, *Chem. Phys. Lett.* **7**, 573 (1970).

[76] O. Goscinski und B. Weiner, *Phys. Scripta* **21**, 385 (1980).

[77] G. E. Brown, *Unified Theory of Nuclear Models and Forces*, North-Holland, Amsterdam, 1967.

[78] D. J. Thouless, *Nucl. Phys.* **22**, 78 (1961).

[79] P. Ring und P. Schuck, *The nuclear many-body problem*, Springer, New York, Heidelberg, Berlin, 1. Edition, 1971.

[80] C. Hättig, *Adv. Quantum Chem.* **50**, 37 (2005).

[81] M. Head-Gordon, M. Oumi, und D. Maurice, *Mol. Phys.* **96**, 593 (1999).

[82] M. Head-Gordon, R. J. Rico, M. Oumi, und T. J. Lee, *Chem. Phys. Lett.* **219**, 21 (1994).

[83] M. Head-Gordon, D. Maurice, und M. Oumi, *Chem. Phys. Lett.* **246**, 114 (1995).

[84] C. Hättig, private Mitteilung.

[85] A. Berning, M. Schweizer, H.-J. Werner, P. J. Knowles, und P. Palmieri, *Mol. Phys.* **98**, 1823 (2000).

[86] C. Marian und U. Wahlgren, *Chem. Phys. Lett.* **251**, 357 (1996).

[87] B. Hess, C. M. Marian, U. Wahlgren, und O. Gropen, *Chem. Phys. Lett.* **251**, 365 (1996).

[88] F. Neese, *J. Chem. Phys.* **122**, 034107 (2005).

[89] B. Schimmelpfennig, *AMFI-An Atomic Mean Field Integral Program* (1996).

[90] P. A. M. Dirac, *Proc. R. Soc. London* **114**, 243 (1927).

[91] G. Wentzel, *Z. Phys.* **43**, 524 (1927).

[92] E. Fermi, *Nuclear Physics*, University of Chicago Press, Chicago, 1950.

[93] W. Domcke, D. R. Yarkony, und H. Köppel, *Conical Intersections: Electronic Structure, Dynamics and Spectroscopy*, World Scientific Publishing, Singapore, 2004.

[94] F. Santoro und C. Petrongolo, *J. Chem. Phys.* **110**, 4419 (1999).

[95] C. Hättig, A. Köhn, und K. Hald, *J. Chem. Phys.* **116**, 5401 (2002).

[96] TURBOMOLE lokale Entwicklerversion (entsprechend Version 6.2, 2010); Details siehe www.turbomole.de.

[97] O. Vahtras, J. Almlöf, und M. W. Feyereisen, *Chem. Phys. Lett.* **213**, 514 (1993).

[98] F. Weigend und M. Häser, *Theo. Chem. Acc. Theo.* **97**, 331 (1997).

[99] F. Neese, *ORCA – an ab initio, Density Functional and Semiempirical program package, Version 2.6*. University of Bonn (2008).

[100] F. Weigend, M. Häser, H. Patzelt, und R. Ahlrichs, *Chem. Phys. Lett.* **294**, 143 (1998).

[101] F. Weigend, A. Köhn, und C. Hättig, *J. Chem. Phys.* **116**, 3175 (2002).

[102] C. Hättig, *J. Chem. Phys.* **118**, 7751 (2003).

[103] N. Nakashima, H. Inoue, M. Sumitani, und K. Yoshihara, *J. Chem. Phys.* **73**, 5976 (1980).

[104] N. Nakashima, M. Sumitani, I. Ohmine, und K. Yoshihara, *J. Chem. Phys.* **72**, 2226 (1980).

Literatur

[105] R. Astier und Y. H. Meyer, *Chem. Phys. Lett.* **3**, 399 (1969).

[106] C. S. Burton und H. E. Hunziker, *Chem. Phys. Lett.* **6**, 352 (1970).

[107] T. S. Godfrey und G. Porter, *Trans. Faraday Soc.* **62**, 7 (1966).

[108] K. Kaufmann, W. Baumeister, und M. Jungen, *J. Phys. B: Atomic* **22**, 2223 (1989).

[109] O. Christiansen, J. F. Stanton, und J. Gauss, *J. Chem. Phys.* **108**, 3987 (1998).

[110] A. Köhn, *Analytische Gradienten elektronisch angeregter Zustände und Behandlung offenschaliger Systeme im Rahmen derCoupled-Cluster-Methode RI-CC2*, Cuvillier, Göttingen, 2003.

[111] J. M. Berman und L. Goodman, *J. Chem. Phys.* **87**, 1479 (1987).

[112] M. Schreiber, M. R. Silva-Junior, S. P. A. Sauer, und W. Thiel, *J. Chem. Phys.* **128**, 134110 (2008).

[113] O. Christiansen, H. Koch, A. Halkier, und P. Jørgensen, *J. Chem. Phys.* **105**, 6921 (1996).

[114] Y. Osamura, *Chem. Phys. Lett.* **145**, 541 (1988).

[115] B. Fückel, A. Köhn, M. E. Harding, G. Diezemann, und G. Hinze, *J. Chem. Phys.* **128**, 074505 (2008).

[116] D. Sundholm, *Phys. Chem. Chem. Phys.* **2**, 2275 (2000).

[117] A. Dreuw und M. Head-Gordon, *J. Am. Chem. Soc.* **126**, 4007 (2004).

[118] D. J. Tozer, R. D. Amos, N. C. Handy, B. O. Roos, und L. Serrano-Andres, *Mol. Phys.* **97**, 859 (1999).

[119] J. Neugebauer, E. J. Baerends, und M. Nooijen, *J. Chem. Phys.* **121**, 6155 (2004).

[120] E. Engel, K. Schmidt, D. Beljonne, J.-L. Brédas, und J. Assa, *Phys. Rev. B* **73**, 245216 (2006).

[121] K. Hald, P. Jørgensen, J. Olsen, und M. Jaszuński, *J. Chem. Phys* **115**, 671 (2001).

[122] Y. H. Meyer, R. Astier, und J. M. Leclerq, *J. Chem. Phys.* **56**, 801 (1972).

[123] S. Grimme und M. Waletzke, *J. Chem. Phys.* **111**, 5645 (1999).

[124] M. Kleinschmidt, J. Tatchen, und C. M. Marian, *J. Comput. Chem.* **23**, 824 (2002).

[125] J. H. Callomon, E. Hirota, W. J. Lafferty, A. G. Maki, und C. S. Pote, *Landolt-Börnstein, New Series, Group II: Atomic and Molecular Physics, Structure Data of Free Polyatomic Molecules*, volume 7, Springer, Berlin, 1976.

[126] A. Schäfer, C. Huber, und R. Ahlrichs, *J. Chem. Phys.* **100**, 5829 (1994).

[127] G. Scheibe, *Angew. Chem.* **50**, 212 (1937).

[128] E. E. Jelley, *Nature* **138**, 1009 (1936).

[129] T. Kobayashi, *J-Aggregates*, World Scientific Publishing, Singapore, 1996.

[130] F. Hirayama, *J. Chem. Phys.* **42**, 3163 (1965).

[131] N. Mataga und T. Kubota, *Molecular Interactions and Electronic Spectra*, Dekker, New York, 1970.

[132] A. S. Davydov, *Theory of Molecular Excitons*, Plenum, New York, 1971.

[133] G. Weber, *Trans. Faraday Soc.* **44**, 185 (1948).

[134] G. Weber, *Nature* **180**, 1409 (1957).

[135] G. Weber und F. W. J. Teale, *Trans. Faraday Soc.* **54**, 640 (1958).

[136] S. Speiser, *Chem. Rev.* **96**, 1953 (1996).

[137] G. D. Scholes, *Annu. Rev. Phys. Chem.* **54**, 57 (2003).

[138] R. H. Friend, R. W. Gymer, A. B. Holmes, J. H. Burroughes, R. N. Marks, C. Taliani, D. D. C. Bradley, D. A. D. Santos, J.-L. Brédas, M. Logdlund, und W. R. Salaneck, *Nature* **397**, 121 (1999).

[139] A. J. Nozik, *Annu. Rev. Phys. Chem.* **29**, 189 (1978).

[140] U. Mitschke und P. Bauerle, *J. Mater. Chem.* **10**, 1471 (2000).

[141] R. D. Harcourt, G. D. Scholes, und K. P. Ghiggino, *J. Chem. Phys.* **101**, 10521 (1994).

[142] T. Förster, *Ann. Phys* **2**, 55 (1948).

[143] T. Förster und O. Sinanoglu, *Modern Quantum Chemistry*, volume 3, Academic Press, New York, 1968.

[144] D. L. Dexter, *J. Chem. Phys.* **21**, 836 (1953).

[145] H. McConnell, J. S. Ham, und J. R. Platt, *J. Chem. Phys.* **21**, 66 (1953).

[146] J. N. Murrell und J. Tanaka, *Mol. Phys.* **7**, 363 (1964).

[147] S. Difley, D. Beljonne, und T. van Voorhis, *J. Am. Chem. Soc.* **130**, 3420 (2008).

[148] E. Sagvolden, F. Furche, und A. Köhn, *J. Chem. Theory. Comput.* **5**, 873 (2009).

[149] G. Casalone, C. Mariani, und A. Mugnoli, *Acta Cryst.* **25**, 1741 (1969).

[150] H. Suzuki, *Bull. Chem. Soc. Japan* **32**, 1340 (1959).

[151] H. S. Im und E. R. Bernstein, *J. Chem. Phys.* **88**, 7337 (1988).

[152] G. Buntinx, A. Benbouazza, O. Poizat, und V. Guichard, *Chem. Phys. Lett.* **153**, 279 (1988).

[153] M. Pabst und A. Köhn, *J. Chem. Phys.* **129**, 214101 (2008).

[154] D. Mank, M. Raytchev, S. Amthor, C. Lambert, und T. Fiebig, *Chem. Phys. Lett.* **376**, 201 (2003).

[155] C. Roos und A. Köhn, unveröffentlicht.

[156] T. Azumi und S. P. McGlynn, *J. Chem. Phys.* **41**, 3131 (1964).

[157] T. Azumi, A. T. Armstrong, und S. P. McGlynn, *J. Chem. Phys.* **41**, 3839 (1964).

[158] M. Etinski, T. Fleig, und C. M. Marian, *J. Phys. Chem. A* **113**, 11809 (2009).

[159] S. H. Modiano, J. Dresner, und E. C. Lim, *J. Phys. Chem.* **95**, 9144 (1991).

[160] L. Flamigni, N. Camaioni, P. Bortolus, F. Minto, und M. Gleria, *J. Phys. Chem.* **95**, 971 (1991).

[161] S. H. Modiano, J. Dresner, J. J. Cai, und E. C. Lim, *J. Phys. Chem.* **97**, 3480 (1993).

[162] R. J. Locke und E. C. Lim, *Chem. Phys. Lett.* **138**, 489 (1987).

[163] R. J. Locke und E. C. Lim, *Chem. Phys. Lett.* **160**, 96 (1989).

[164] G. Hüttmann und H. Staerk, *J. Phys. Chem.* **95**, 4951 (1991).

[165] M. Terazima, J. J. Cai, und E. C. Lim, *J. Phys. Chem. A* **104**, 1662 (2000).

[166] W. C. Agosta, *J. Am. Chem. Soc.* **89**, 3505 (1967).

[167] S. Tsuzuki, K. Honda, T. Uchimaru, und M. Mikami, *J. Chem. Phys.* **120**, 647 (2004).

[168] D. W. J. Cruickshank, *Acta Cryst.* **10**, 504 (1957).

[169] J. Berlman, *Handbook of fluorescence spectra of aromatic molecules*, Academic Press, New York, 2. Edition, 1971.

[170] M. Yanagidate, K. Takayama, M. Takeuchi, J. Nishimura, und H. Shizuka, *J. Phys. Chem.* **97**, 8881 (1993).

[171] A. P. Marchetti und D. R. Kearns, *J. Am. Chem. Soc.* **89**, 768 (1967).

[172] H. Saigusa, S. Sun, und E. C. Lim, *J. Phys. Chem.* **96**, 2083 (1992).

[173] M. W. Schaeffer, W. Kim, P. M. Maxton, J. Romascan, und P. M. Felker, *Chem. Phys. Lett.* **242**, 632 (1995).

[174] P. Benharash, M. J. Gleason, und P. M. Felker, *J. Phys. Chem. A* **103**, 1442 (1999).

[175] W. Kim, M. W. Schaeffer, S. Lee, J. S. Chung, und P. M. Felker, *J. Chem. Phys.* **110**, 11264 (1999).

[176] S. Tsuzuki, T. Uchimaru, K. Matsumura, M. Mikami, und K. Tanabe, *Chem. Phys. Lett.* **319**, 547 (2000).

[177] C. Gonzalez und E. C. Lim, *J. Phys. Chem. A* **104**, 2953 (2000).

[178] C. Gonzalez, T. C. Allison, und E. C. Lim, *J. Phys. Chem. A* **105**, 10583 (2001).

[179] N. Lee, S. Park, und S. K. Kim, *J. Chem. Phys.* **116**, 7910 (2002).

[180] T. R. Walsh, *Chem. Phys. Lett.* **363**, 45 (2002).

[181] S. Fomine, M. Tlenkopatchev, S. Martinez, und L. Fomina, *J. Phys. Chem. A* **106**, 3941 (2002).

[182] C.-P. Hsu, Z.-Q. You, und H. Chen, *J. Phys. Chem. C* **112**, 1204 (2008).

[183] A. Klamt und G. Schüürmann, *J. Chem. Soc. Perkin Trans. 2* **5**, 799 (1993).

[184] M. Pabst, B. Lunkenheimer, und A. Köhn, *eingereicht bei: J. Phys. Chem. C* (2011).

[185] J. A. Pople, D. L. Beveridge, und P. A. Dobosh, *J. Chem. Phys.* **47**, 2026 (1967).

[186] L. Gisslén und R. Scholz, *Phys. Rev. B* **80**, 115309 (2009).

[187] J.-L. Brédas, D. Beljonne, V. Coropceanu, und J. Cornil, *Chem. Rev.* **104**, 4971 (2004).

Literatur

[188] Y. C. Cheng, R. J. Silbey, D. A. da Silva, J. P. Calbert, J. Cornil, und J.-L. Brédas, *J. Chem. Phys.* **118**, 3764 (2003).

[189] Y. Nagata und C. Lennartz, *J. Chem. Phys.* **129**, 034709 (2008).

[190] P. C. Subughi und E. C. Lim, *Chem. Phys. Lett.* **56**, 59 (1978).

[191] K. Hald, C. Hättig, D. L. Yeager, und P. Jørgensen, *Chem. Phys. Lett.* **328**, 291 (2000).

[192] C. Hättig und K. Hald, *Phys. Chem. Chem. Phys.* **4**, 2111 (2002).

[193] R. Ahlrichs, M. Bär, M. Häser, H. Horn, und C. Kölmel, *Chem. Phys. Lett.* **162**, 165 (1989).

[194] T. Helgaker, H. J. Aa. Jensen, und P. Jørgensen et al., *DALTON, a molecular electronic structure program, Release 2.0* (2005).

[195] T. H. Dunning Jr., *J. Chem. Phys.* **90**, 1007 (1989).

[196] D. E. Woon und T. H. Dunning Jr., *J. Chem. Phys.* **98**, 1358 (1993).

[197] A. K. Wilson, D. E. Woon, K. A. Peterson, und T. H. Dunning Jr., *J. Chem. Phys.* **110**, 7667 (1999).

[198] T. H. Dunning Jr., K. A. Peterson, und A. K. Wilson, *J. Chem. Phys.* **114**, 9244 (2001).

[199] D. E. Woon und T. H. Dunning Jr., *J. Chem. Phys.* **100**, 2975 (1994).

[200] H.-J. Werner, P. J. Knowles, R. Lindh, F. R. Manby, M. Schütz, P. Celani, T. Korona, G. Rauhut, R. D. Amos, A. Bernhardsson, A. Berning, D. L. Cooper, M. J. O. Deegan, A. J. Dobbyn, F. Eckert, C. Hampel, G. Hetzer, A. W. Lloyd, S. J. McNicholas, M. Meyer, M. E. Mura, A. Nicklass, P. Palmieri, R. Pitzer, U. Schumann, H. Stoll, A. J. Stone, R. Tarroni, und T. Thorsteinsson, *MOLPRO, version 2006.1, a package of ab initio programs* .

[201] C. Hättig, *Phys. Chem. Chem. Phys.* **7**, 59 (2005).

[202] J. F. Stanton und J. Gauss, *J. Chem. Phys.* **111**, 8785 (1999).

[203] B. Lunkenheimer und A. Köhn, unveröffentlicht.

[204] M. Caricato, B. Mennucci, G. Scalmani, G. W. Trucks, und M. J. Frisch, *J. Chem. Phys.* **132**, 084102 (2010).

[205] J. Tomasi, B. Mennucci, und R. Cammi, *Chem. Rev.* **105**, 2999 (2005).

i want morebooks!

Buy your books fast and straightforward online - at one of world's fastest growing online book stores! Environmentally sound due to Print-on-Demand technologies.

Buy your books online at
www.get-morebooks.com

Kaufen Sie Ihre Bücher schnell und unkompliziert online – auf einer der am schnellsten wachsenden Buchhandelsplattformen weltweit! Dank Print-On-Demand umwelt- und ressourcenschonend produziert.

Bücher schneller online kaufen
www.morebooks.de

VDM Verlagsservicegesellschaft mbH
Heinrich-Böcking-Str. 6-8 Telefon: +49 681 3720 174 info@vdm-vsg.de
D - 66121 Saarbrücken Telefax: +49 681 3720 1749 www.vdm-vsg.de

Printed by Books on Demand GmbH, Norderstedt / Germany